LE

HACHICH.

IMPRIMERIE DE H. FOURNIER ET C^o,
Rue Saint-Benoît, 7.

LE
HACHYCH.

Toutesfois pas demourer la ne fault, comme
au chant des sirenes, ains a plus haut sens
interpreter ce que par adventure cuydiez
dict en gayete de cueur.

RABELAIS, Prologe du livre Ier de
Gargantua.

Cosi all' egro fanciul porgiamo aspersi
Di soavi licor gli orli del vaso.

Gerusal. liber., canto I, st. 3.

Quien tiene el hilo tiene el ovillo.
Don Quixote.

PARIS
LIBRAIRIE DE PAULIN,
RUE DE SEINE, 33.

—

1843.

LE HACHYCH.

———

I.

الحشيش

A la fin de septembre dernier, je quittai Naples sur le bateau à vapeur *l'Eurotas*, qui venait d'arriver de Marseille : il avait été forcé de repartir à l'instant à la place du *Minos*, dont la chaudière s'était dérangée au moment de quitter le port.

Dès que *l'Eurotas* eut dépassé Micène et Procida, je me sentis indisposé et voulus me coucher en plein air pour prévenir le mal de mer. Comme je tirais à moi le matelas de mon cadre pour l'étendre sur le pont, je fis tomber à mes pieds un gros rouleau de papier négligemment serré par un cordon, et, probablement, oublié sous l'oreiller par celui qui m'avait précédé.

Après m'être assuré que cette liasse n'appartenait à aucun des voyageurs présents, je dénouai le cordon, et je parcourus quelques feuilles. Elles ne contenaient que des notes fort difficiles à déchiffrer, assez incohérentes et remplies de ratures. Le capitaine m'apprit que ce cadre n° 8 avait été occupé par un jeune homme, pâle, mélancolique, et probablement souffrant ; car il avait la tête enveloppée d'une espèce d'appareil, et portait à la joue droite des traces d'une assez forte contusion. Depuis Marseille, il n'avait pas cessé d'écrire et ne s'était couché qu'à la hauteur de Gaëte. Aussi avait-il fallu le réveiller lorsque tout le monde était déjà débarqué depuis longtemps. Du reste, le capitaine ne put rien m'apprendre de plus, attendu que la liste des passagers venus de Marseille était restée à Naples, suivant la règle, et que celui-là n'avait parlé à personne, même pendant les repas, tant il était préoccupé de son sujet.

Dans les courts moments de répit que me laissa la mer, je parcourus quelques-unes de ces feuilles volantes, et bientôt elles piquèrent ma curiosité. Désirant les débrouiller plus à mon aise, je priai le capitaine de me les confier. Comme il me connaissait, il y consentit volontiers, à condition que, *à la première réquisition*, je rendrais *à qui de droit* jusqu'aux plus petits morceaux de papier qui tenaient aux pages principales par des épingles ou des pains à cacheter.

Depuis ce temps, je n'ai plus entendu parler du pâle et mélancolique jeune homme à la tête fêlée... et je ne suis pas homme à garder le bien d'autrui.

Mais à qui rendre un objet perdu, quand le propriétaire est inconnu, quand personne ne réclame? Évidemment, c'est au *destinataire*, comme on dit en droit. Je me décide donc à *rendre* ces notes au public; car je dois supposer qu'elles lui étaient destinées, et, dans le doute, c'est encore à la communauté que doit revenir ce qui n'appartient à personne. Il est d'ailleurs tant d'âmes en peine qui auraient besoin du *hachych* pour se consoler du présent par la perspective de l'avenir ! ! ! Je ne dois pas leur laisser ignorer les extases fantastiques dont peuvent jouir ceux qui en usent avec des intentions pures.

Enfin, ne faisant pas partie de la société des gens de lettres, et n'ayant pas même l'honneur d'être homme de lettres, j'engage chacun à prendre ce qui lui conviendra dans cette restitution publique.

Quoique ces notes aient été jetées à la hâte sur le papier, et Dieu sait sur quel papier ! par un rêveur à peine éveillé, je veux les faire imprimer telles qu'elles sont, autant qu'il sera possible de se retrouver au milieu des ratures et des renvois, sans y permettre aucun changement, aucune addition ou soustraction, sous quelque prétexte que ce soit. J'aime mieux qu'une phrase reste incorrecte, une idée obscure, un sens incomplet, même tout à fait suspendu, que de permettre à personne d'y mettre du sien. Je ne serai jamais le cousin d'un mutilateur de manuscrit, eût-il d'ailleurs d'excellentes excuses.

Maintenant, lecteur perspicace, c'est à vous de briser l'os médullaire, comme dit le malin curé de Meudon « afin d'en extraire la mouelle quintessentielle, cet aliment précieux élabouré en perfection de nature. »

Cette publication pouvant soulever quelques réclamations de la part de l'auteur ou de ses héritiers, voici mon nom et mon adresse :

ὁ Γέρμανος, rue Paradis, 20, à Marseille.

II.

Προεξευκρινήσαντος.

Hipp., *Traité du Pronostic.*

Puisque je n'ai rien de mieux à faire et que la mer est calme, j'en veux profiter pour conserver les souvenirs de ma nuit dernière, pendant qu'ils sont encore profondément gravés dans ma mémoire.

Il y a pour moi bien des consolations, bien des vérités dans cette brillante et prophétique fantasmagorie qui vient de passer sous mes yeux avec tant de netteté, tant de précision.....! J'y reviendrai bien souvent tout éveillé. Mais d'abord établissons les faits et suivons-en la curieuse filiation. Voyons ..... commençons par le commencement.

A dîner chez le docteur Cauvière... repas délicat, comme de coutume, plutôt que splendide, convives plus choisis que nombreux... discussions chaudes, franches, mais pas trop bruyantes, roulant à peu près sur les idées suivantes :

Dans la presse, absence d'un but arrêté, général, humanitaire, ou du moins patriotique; nul principe capable de fixer les idées incertaines, de rapprocher les opinions divergentes, d'utiliser tous les efforts perdus dans des luttes stériles, et d'en faire une puissance en leur imprimant une direction invariable. Dans le pouvoir, égoïsme étroit et imprévoyant, oubli des besoins les plus urgents des masses; par suite, impopularité, faiblesse au dedans, timidité au dehors, intrigues et corruption pour remplacer la puissance et la dignité. Dans les chambres, manque de philanthropie ou du moins d'esprit public; point d'idées larges, ni de prévision, pas même de volonté forte, ni d'intelligence des affaires. Dans la bourgeoisie, préoccupations cupides, idées étroites, mesquines, sans portée, sans avenir; crainte des étrangers au dehors, crainte des prolétaires au dedans, crainte du gouvernement en haut, crainte de la concurrence en bas : partout la peur et l'égoïsme pour mobile. Chez le peuple, toujours déçu, toujours dévoué aux idées généreuses et cependant toujours suspect, chez le peuple, point d'affection pour le pouvoir qui l'oublie, point de confiance dans ceux qui l'exploitent au lieu de l'éclairer, point de consolation dans le présent, point de foi dans l'avenir.

Au milieu de cette tendance générale à l'isolement, à la démoralisation, tendance qui frappe les esprits les moins clairvoyants et dont les conséquences sont si effrayantes, on se demanda ce que produirait cet égoïsme, infiltré d'en haut, s'il gagnait entièrement la base de la société ; quel serait le sort de la France, son rôle en Europe, si elle ne se créait elle-même une direction intellectuelle et morale, un but général d'activité, une mission digne d'elle, en harmonie avec sa position, avec le caractère de ses enfants, capable de la tirer de cet état de malaise et de torpeur qui annonce la décrépitude d'une nation, et précède sa dissolution, en la mettant à la merci des moindres événements?

Ces tristes idées, souvent chassées par la gaieté naturelle des convives, se reproduisirent pourtant avec une sorte d'obstination et finirent par amener un grand conflit d'opinions, sur l'état des autres nations de l'Europe, qui, presque toutes, avaient à table un ou deux représentants distingués.

Après bien des toasts, notre amphitryon fit apporter ce qu'il appelle son bréviaire, c'est-à-dire son Béranger, que chacun du reste savait à peu près par cœur, même les étrangers. Les pensées grandes et profondes, généreuses et prophétiques, qui se pressent dans cette poésie animée, dans ces odes sublimes, firent déborder de toutes les poitrines de vastes espérances et de chaudes sympathies. On but à la sainte cause de la démocratie, à la confraternité de tous les peuples, et on se leva pour prendre le café.

Le docteur Lebon demanda qu'il lui fût permis de prendre, au lieu de moka, une infusion de hachych.

« Une infusion de hachych ! s'écria-t-on de toute

part. Qu'est-ce que le hachych? est-ce une espèce nouvelle de thé? Est-ce du thé venu par caravane? Est-ce une variété de cacao?

— Ce n'est rien de tout cela, reprit le docteur Lebon. Au reste, vous allez en juger, car j'en ai apporté, suivant mon habitude, une ample provision. » Et il tira de sa poche un grand cornet de papier rempli d'une espèce de foin, à feuilles palmées et dentelées sur les bords, mêlées de graines et de tiges brisées.

— Mais c'est tout simplement du chanvre, dit un botaniste; c'est exactement la même forme, le même aspect, la même odeur; ces graines, ces feuilles, ces petits fragments de tige, quoique brisés, ressemblent singulièrement à notre chanvre.

— C'est très-vrai, répondit le docteur Lebon; il est même probable que le hachych n'est autre chose que notre chanvre dont les propriétés se sont affaiblies dans le nord : c'est du moins l'opinion des savants de l'expédition d'Égypte, et ce qui semble encore la confirmer, c'est la supériorité du hachych de Syrie et d'Abyssinie sur celui du Delta. On sait combien le sol, la température, l'humidité, la culture, etc., modifient l'aspect des végétaux et surtout leurs propriétés. Tout le monde connaît d'ailleurs celles du chanvre ordinaire: il est donc probable que le hachych est un *cannabis* très-voisin du nôtre, ou pour mieux dire, le premier type du nôtre.

— Quel plaisir pouvez-vous donc trouver dans une pareille drogue?

— Quel plaisir? Sans le hachych, je serais mort cent fois de nostalgie!

— Vraiment! Comment cela?

— Compromis dans des affaires politiques, je parvins à m'échapper, et je gagnai l'Égypte sous un faux nom. Quelques indiscrétions *à la française* arrivèrent aux oreilles de notre consul. Il m'en prévint paternellement, et me donna une espèce de mission pour l'Abyssinie... Pourquoi sa conduite n'a-t-elle pas toujours été suivie? c'est encore la meilleure politique qu'un pouvoir éclairé puisse employer, si j'en juge d'après ma reconnaissance... Je passai trois ans dans la haute Égypte, dans la

Nubie, le Sennar, le Darfour, le Kordofan et l'Abyssinie. J'en rapporte des collections nombreuses, variées, des renseignements de toute espèce que j'ai recueillis dans l'espoir d'être utile aux sciences et surtout à mon cher pays, si des hommes de cœur et d'intelligence veulent enfin s'occuper de son commerce et de sa prospérité. Il y a là beaucoup de bien à faire avec très-peu d'efforts, pourvu qu'on le veuille énergiquement et avec suite.

« Toujours préoccupé de la patrie absente, poursuivi par les souvenirs du foyer paternel, froissé dans ce que j'ai de plus cher, par le spectacle accablant de notre politique inintelligente et lâche, dont je voyais les effets de plus près que vous, dont je ressentais les contre-coups humiliants, je tombais souvent dans un découragement qui m'aurait conduit au suicide ou bien au marasme, si je n'avais été ranimé par les visions délicieuses que me procurait le hachych... Les Abyssiniens m'en avaient appris l'usage ; et la direction constante de mes idées me donnait des rêves bien différents des leurs ; je le prenais d'ailleurs toujours pur. Au lieu de visions érotiques, ou de fureurs guerrières, j'avais des extases politiques.

« La propriété la plus constante et la plus remarquable du hachych est d'exalter les idées dominantes de celui qui en a pris, de lui faire voir d'une manière claire ses plans les plus compliqués se débrouiller sans difficulté, ses projets les plus chers se réaliser sans obstacle; de lui procurer l'intuition précise de ce qu'il cherche, enfin de lui faire savourer par la pensée la possession anticipée et sans mélange de tout ce qui est suivant ses goûts, ses vœux, ses passions habituelles, ou plutôt suivant ses désirs et la direction de ses pensées, au moment où le hachych agit sur lui. C'est ce qui explique les effets différents qu'on en raconte; car ils varient beaucoup, suivant les individus et même suivant les dispositions du moment.

« Le hachych entre dans toutes les thériaques, dans tous les électuaires, opiats, etc., plus ou moins aphrodisiaques, que le *magoun*, droguiste de l'endroit, vend à ses pratiques, en pâtes, en bols, en tablettes, en conserves, en confitures, etc. Mais, dans toutes ces préparations, il est mêlé à l'opium, au gingembre, à la cannelle, etc., sans compter les cantharides. Quant à moi, je ne le prends jamais qu'en infusion pour en obtenir des effets sans mélange.

«On peut cependant le fumer, soit pur, soit mêlé avec du tabac doux ; ses effets sont exactement les mêmes ; seulement ils sont un peu plus faibles et se font plus longtemps attendre. Il suffit même, quand on est très-impressionnable et qu'on n'en a pas l'habitude, de rester au milieu de fumeurs de hachych un peu nombreux pour que la vapeur opère, probablement par l'absorption pulmonaire. Au reste, l'usage du hachych est général et très-ancien dans l'Orient, comme on peut en juger d'après Chardin, d'après Prosper Alpin, etc., malgré les mesures rigoureuses déployées dans tous les temps par les autorités locales contre ce commerce. Celles du pacha d'Égypte ne sont pas plus efficaces ; il en est de même en Algérie, et sur toute la côte d'Afrique.

— Mais pourquoi le défend-on ?

— Parce qu'il produit une exaltation terrible

chez ceux qui nourrissent des projets de vengeance ; parce qu'il finit, quand on en abuse, par agir sur la santé ; et tous ceux qui ont besoin de consolation y reviennent toujours avec une passion croissante. C'est bientôt pour eux un besoin irrésistible. Nos soldats de l'expédition d'Égypte, privés de toute communication avec la France, commençaient à s'y adonner, malgré les ordres du jour du général en chef. Que voulez-vous ? C'est le remède à la nostalgie, au découragement, aux déceptions de toute espèce. J'ai pensé qu'en France j'en aurais encore besoin, pendant bien longtemps : c'est pourquoi j'en ai rapporté une ample provision, et je vous en offre. Essayez-en, quand ce ne serait que par curiosité : que risquez-vous ? Une petite dose, une seule tasse de cette précieuse infusion, ne peut vous donner que de la gaieté, des consolations ; vos prévisions les plus agréables se transformeront, pour un moment, en réalités : vous posséderez le don de seconde vue ; vous serez élevé au rang des prophètes. »

Quelques-uns cédèrent aux instances du docteur

Lebon, et même prirent avec lui plusieurs tasses de l'infusion qu'il venait de préparer, soit qu'ils fussent entraînés par son exemple ou par la curiosité, soit qu'ils éprouvassent les mêmes soucis, les mêmes préoccupations politiques. D'autres se contentèrent de fumer le hachych pur, ou mêlé avec du tabac très-doux. Je crus prudent de faire comme ces derniers, malgré le chagrin que me causait la démoralisation du pays : je me défiais de ma susceptibilité nerveuse, et je voulais pouvoir observer ce qui se passerait chez les autres.

Dans le groupe au milieu duquel je me trouvais, on reprit la question de l'Égypte, de la mer Rouge, de son importance comme moyen de communication entre la Méditerranée et la mer des Indes. On passa aux intérêts de la France dans ces parages; à son avenir dans l'organisation de l'Europe; au besoin de lui créer un centre d'activité pour la tirer de son malaise, de sa torpeur léthargique et de son abjection. Je respirais à peine au milieu d'une épaisse fumée de hachych, lorsqu'un des convives nous annonça tout à coup qu'il avait découvert un nouveau moteur applicable à toutes les machines. C'était mon silencieux voisin Vanderbrook, qui s'était montré jusqu'alors étranger à la conversation.

« Arrière ! s'écria-t-il avec chaleur et conviction ; arrière la vapeur ! elle exige trop de combustible : le charbon tient trop de place et coûte trop cher. J'ai trouvé dans l'électricité un moteur bien plus puissant et plus commode. Une fois la machine mise en jeu, elle agit ensuite par sa propre action avec une force et une vitesse dont vous pouvez avoir une idée par les effets de la foudre : il ne s'agissait que de les régulariser.... La source en est inépuisable, puisqu'elle se répare sans cesse dans le réservoir commun de notre planète. Voici comment je m'en suis rendu maître.... » Il nous décrivit ensuite son appareil avec un soin minutieux.

Ce qui nous surprit le plus dans cette brusque sortie, ce fut l'assurance et la clarté de l'habile mécanicien qui venait de se lever au moment où l'on y pensait le moins ; ce fut aussi la chaleur et la facilité avec lesquelles il s'exprimait. Né à Leyde, élève de Van Marum, il avait vécu au milieu des appareils galvaniques, électriques, etc. ; il ne rêvait qu'à leur application comme force motrice : absorbé par ses méditations, et silencieux par nature, il n'avait pas encore parlé.

« Ne vous y trompez pas, me dit le docteur Lebon en me poussant le coude, c'est l'effet du hachych : il en a pris trois tasses coup sur coup. Écoutez ! quel flux de paroles ! quelle netteté d'idées ! Il voit tous les détails de sa machine ; il a trouvé ce qu'il cherchait depuis si longtemps ! »

Dans ce moment, un professeur de zoologie se mit à nous décrire l'organisation intérieure des animaux anté-diluviens, dont l'homme n'a jamais vu que les squelettes fossiles. Il nous expliqua les transformations subies par les espèces perdues, pour constituer celles qui existent aujourd'hui : transformations qu'ont produites les changements survenus dans la constitution du globe, dans la distribution des eaux, et surtout, comme l'ont prouvé Brongniart, Dumas, etc., dans la composition chimique de l'air atmosphérique, à mesure qu'une plus grande quantité de carbone, fixée par les végétaux, a disparu dans les houillères, laissant ainsi dans l'air une plus grande proportion d'oxygène, à la suite de la décomposition de l'acide carbonique par l'acte de la végétation. De là une organisation de plus en plus compliquée, et des dimensions moins colossales dans les végétaux, à mesure que les proportions d'acide carbonique ont diminué.

Je suivais ses explications avec un vif intérêt, car elles étaient claires, séduisantes et répondaient d'avance aux objections, lorsque mon attention fut détournée, et bientôt tout à fait absorbée, par le jeune Démos, qui retournait en Grèce après un séjour de quatre ans à Paris, où il avait été envoyé par le ministre de l'instruction publique. Monté sur un fauteuil, le jeune Démos s'était levé, comme un quaker dans l'inspiration, pour épancher les pensées humanitaires qui débordaient dans son sein.

« Écoutez, dit-il, écoutez, vous qui cherchez le bonheur dans ce monde, vous qui lui demandez des consolations contre vos chagrins, contre vos misères ; écoutez, vous qui désirez une règle sûre de conduite, un guide invariable pour les questions les plus complexes de morale et de politique.

« Si vous n'envisagez l'homme que d'une manière abstraite, isolée, vous n'aurez qu'une idée fort imparfaite de ses besoins physiques, intellectuels et moraux les plus impérieux. L'homme n'est pas seulement nécessiteux et intelligent, il est surtout éminemment social, par instinct, par organisation : il a besoin de ses semblables encore plus pour les aimer et leur être utile, que pour en recevoir des secours de toute espèce. On ne l'a jamais trouvé seul que malgré lui : ce qu'on appelle *état de nature* n'est qu'une civilisation très-peu avancée, une association restreinte à la famille. Les récits des voyageurs, comme l'étude de l'histoire, prouvent que l'homme est d'autant plus heureux qu'il fait partie d'une association plus large et plus compacte.

« Voyez ce qui se passe chez les sauvages d'Amérique, d'Afrique, et des diverses parties de l'Océanie : partout où l'association est restée bornée à la famille, partout où l'isolement n'a pas dépassé cette étroite limite, chaque petit groupe est en guerre incessante avec tous ceux qui l'entourent ; ne pouvant garder ni utiliser leurs prisonniers, ils les mangent. Les combats et la misère éclaircissent incessamment une population errante et clair-semée. Il y a déjà plus de sécurité quand plusieurs familles sont réunies en peuplades assez puissantes pour se faire respecter. Cependant, elles sont encore dans un état d'hostilité permanente, et ces combats journaliers, terribles, exterminent beaucoup plus d'hommes que les guerres les plus désastreuses des grandes nations, et ce qui le prouve bien clairement, c'est le chiffre comparatif des populations sauvages ou civilisées qui couvrent une égale surface de terrain.

« L'histoire nous offre exactement le même spectacle à l'origine de tous les peuples : les temps primitifs de la Grèce, dé l'Italie, de l'Ibérie, de la Gaule, de la Bretagne, sont pleins des mêmes haines, des mêmes misères, des mêmes massacres, des mêmes dévastations. Sans aller si loin, voyez ce qu'était la France féodale au moyen âge, quand chaque fief était indépendant, quand chaque seigneur était en guerre avec son voisin. Rappelez-vous ce qu'était l'Italie un peu plus tard sous tous ses petits souverains; enfin ce qu'étaient nos diverses provinces au moment de la révolution, lorsqu'elles avaient chacune leur système de douanes, leurs lois distinctes, leurs poids et leurs mesures. Il n'y a donc aucun doute possible sur l'intérêt de chacun à faire partie d'une agglomération aussi puissante que possible. Il est utile à tous que le fractionnement diminue, que les limites des populations s'effacent, que leurs intérêts se fondent de plus en plus. Il faut que les peuples comprennent enfin clairement le besoin qu'ils ont les uns des autres, comme les individus; il faut qu'ils sachent bien qu'aucune nation ne peut impunément s'isoler des autres, qu'elle ne peut trouver dans cet isolement aucun avantage, qui ne soit acheté par des maux plus grands; pas plus qu'un gouvernement, quel qu'il soit, ne peut se trouver bien de séparer ses intérêts personnels de ceux du pays.

« S'il est utile aux peuples d'agrandir sans cesse

leurs relations, il ne l'est pas moins aux individus d'étendre aussi leurs affections.

« Les liens de famille sont bien doux, bien puissants ; ils font le charme de la vie et le fondement le plus solide de toute société ; mais ils sont périssables ; il n'est personne de nous qui ne l'ait amèrement éprouvé ou qui ne soit exposé tôt ou tard aux pertes les plus cruelles. Il faut donc se ménager des consolations dans une sphère plus étendue, et par conséquent moins accessible aux coups du sort : il faut étendre ce besoin d'aimer qui est en nous à ce qui ne saurait périr ni même s'altérer. L'amour du sol natal est bien vif, bien profond, bien durable, mais on ne l'éprouve dans toute son énergie que loin des lieux que l'on regrette ; et c'est alors un plaisir mêlé de peines. Le sentiment de la patrie repose sur une base plus vaste et par conséquent plus stable ; il est d'autant plus exalté qu'on doit plus aux institutions nationales et qu'on prend plus de part aux affaires publiques. Il a produit les plus grands dévouements, il peut consoler des plus amers chagrins. Mais son exaltation même peut faire ressentir les plus violentes angoisses. Le pays peut être envahi ou menacé d'invasion ; il peut être humilié, démoralisé, gouverné par des lâches, par des intrigants ; il peut être trahi dans son honneur, dans ses intérêts les plus chers ; il peut enfin tomber en dissolution..... où donc alors trouver quelque refuge contre tant d'amertumes et de déceptions?... Vous avez tous éprouvé ces épouvantables tortures ; car il n'en est pas un de vous dont le pays n'ait à son tour essuyé toutes ces calamités.... Sur quoi donc reposer alors ses regards pour ne pas succomber de désespoir? Il faut s'élever encore plus haut. Il faut envisager l'avenir en embrassant l'espèce humaine tout entière, parce qu'elle seule est impérissable, parce qu'elle seule est toujours progressive dans son ensemble, parce qu'elle est enfin tous les jours plus éclairée et plus reconnaissante.

« L'homme le plus heureux n'est pas le plus riche, le plus affairé, le plus haut placé : c'est celui qui fait le plus de bien ; car le bien porte en lui-même sa récompense immédiate. L'homme le plus utile au plus grand nombre est aussi celui dont la mémoire est plus durable. Les individus peuvent être ingrats, envieux, injustes; les nations se trompent quelquefois sur la valeur des hommes, de leurs opinions, de leurs actions; mais l'espèce humaine ne se trompe pas sur les services qu'on lui rend, et ne les oublie jamais. Ayons donc toujours l'humanité tout entière présente à la pensée, comme base de nos opinions, comme mobile de nos actions. Comptons toujours sur elle : plus notre dévouement sera grand, plus nous serons certains qu'il ne sera pas oublié. Que ce soit la religion de tous les peuples ! elle compte déjà bien assez de martyrs !

—Une voix : Et les affections de la famille, et le sentiment de la patrie?

— Ne craignez pas que l'amour de l'humanité les affaiblisse; il ne s'agit pas ici d'une chose matérielle qui s'épuise à mesure qu'on la dissémine; il s'agit d'une faculté qui se développe, au contraire, comme toutes les autres, par l'exercice. Ceci n'est pas une hypothèse, une théorie : consultez les faits, et vous verrez que les époux, les fils, les frères les plus aimants, ont toujours été les patriotes les plus dévoués, et les philanthropes les plus pratiques.

— Une autre voix : Mais ce dévouement à l'humanité ne peut être compris que par les hommes supérieurs ; il ne peut être récompensé que chez ceux qui sont en évidence !

— C'est une autre erreur ; l'homme le plus affectueux, quelle que soit sa position, est aussi le plus aimé de ses parents, de ses voisins, de tous ceux qui le connaissent. Il trouve en eux des amis sûrs : il en est aidé, secouru avec plus d'empressement, de dévouement que l'égoïste : celui-ci, on le laisse se tirer d'embarras tout seul. L'homme le plus franc est celui qu'on croit avec le plus de confiance : le plus loyal est celui avec lequel on a le plus volontiers des relations d'intérêt. Ainsi dans les rangs les plus obscurs de la société, ce qui est bon, juste, honnête, porte également avec soi sa récompense immédiate. Or tout cela n'est autre chose qu'un sacrifice momentané de l'individu, à ce qui est utile à tous, c'est-à-dire, conforme aux lois de l'humanité. Avec le temps, cette règle de conduite est toujours la meilleure.

« Voyez ce qui se passe tous les jours autour de vous : il n'y a rien de moins poétique que le commerce, rien qui sente plus l'égoïsme : cependant, quels sont les négociants dont les affaires sont le plus prospères ? Croyez-vous que ce soient les plus avides dans leurs calculs, les plus âpres dans leurs marchés, les moins scrupuleux dans leurs transactions, ceux qui spéculent sans pitié sur la détresse et pressurent le malheur ? Il s'en faut de beaucoup. C'est ce qu'il est facile de constater dans une ville comme celle-ci..... je vous défie de me citer un avare sordide qui ait fait une immense fortune dans le commerce. A force de lésine et de privations, il peut amasser une certaine aisance ; mais on connaît bientôt sa rapacité, et ses relations ne sont jamais étendues. Quant à ceux qui abusent de la confiance publique, qui manquent à leurs engagements et qui fraudent sur la qualité, sur la quantité, vous les verrez toujours tomber dans la misère. Les grandes affaires ne s'établissent que sur des rapports larges, faciles, d'un avantage réciproque ; elles ne se maintiennent, et ne s'étendent que par la confiance générale dans une loyauté bien reconnue : personne ne veut être dupe et ne consent à se laisser pressurer. En un mot, les relations les plus sûres, les plus durables, sont celles qui sont fondées sur une complète réciprocité.

«Ce qui est vrai d'homme à homme, ne l'est pas moins de province à province, de peuple à peuple. Ainsi, par exemple, ce qui ruine peu à peu le commerce français à l'extérieur, ce n'est pas, comme on l'a dit, la concurrence qui lui est faite, sur tous les marchés, par le bas prix des marchandises étrangères; c'est la mauvaise foi des misérables qui ruinent votre crédit avec le leur, par des fraudes de toute espèce, auxquelles on n'est pas pris deux fois; et, ce qui le prouve, c'est que ces flibustiers fournissent tout aux plus vils prix. Il y a folie à croire qu'on peut commercer avec ceux qui ne gagneraient rien.

— En attendant, l'honnête négociant souffre donc pour le fripon?

— Oui; mais j'ai déjà dit que l'homme ne peut

s'isoler de ceux qui l'entourent. Ses intérêts sont toujours liés à ceux des autres; il y a toujours solidarité plus ou moins intime entre tous ceux qui composent une société.

« Il en est de même entre les diverses nations.

« Voilà ce qu'il faut que les plus indifférents comprennent bien, pour que tous flétrissent une conduite aussi nuisible à tous, pour que le pays intervienne, s'il le faut, quand il s'agit de l'honneur et de la prospérité du pays.

« Ce que je viens de dire du commerce peut s'appliquer à toute autre relation d'homme à homme, de peuple à peuple; ce qu'il y a de meilleur est toujours ce qui est le plus juste, c'est-à-dire, le plus conforme à l'humanité, ou, si vous aimez mieux, dans l'intérêt réciproque de chacun.

« Pour ne pas nous perdre dans les abstractions, voyons les faits.

« Le premier sauvage qui, dans une tribu, se sentit de la pitié pour un prisonnier et demanda qu'on le laissât vivre, cet homme sensible a dû passer, parmi des cannibales, pour un lâche, ou pour un fou.

Cependant ils ont fini par comprendre qu'ils pouvaient tirer meilleur parti d'un prisonnier en l'employant à leur usage qu'en le mangeant, et l'esclavage a remplacé presque partout l'anthropophagie. C'était un premier progrès de l'humanité, et il n'a pas été moins avantageux au vainqueur qu'au vaincu.

« Ceux qui se sont élevés jadis contre l'esclavage ont aussi passé pour des rêveurs, et pour des rêveurs fort dangereux. En effet, ils attaquaient des droits acquis, une propriété légitime; ils ébranlaient l'ordre social établi, le seul qui parût alors possible. Cependant, le servage a remplacé l'esclavage, et le travail de l'homme libre celui du serf, sans qu'aucun état soit tombé en dissolution. Au contraire, les peuples qui ont donné l'exemple de l'émancipation sont devenus plus heureux, plus moraux, plus prospères que leurs voisins. Mais ce n'est pas seulement l'esclave ou le serf qui se sont améliorés en devenant libres, ce n'est pas seulement la société qui a transformé des ennemis turbulents et dangereux en défenseurs dévoués de son indépendance; le maître lui-même n'a pas moins gagné

sous tous les rapports ; sa moralité s'est développée, car le pouvoir absolu corrompt les meilleures
natures. D'ailleurs, le maître n'eut plus à redouter
les révoltes et les vengeances de ceux qu'on tortu-
rait en son nom ; il n'eut plus à s'occuper de leurs
besoins, de leurs châtiments, etc. Enfin, il fut
mieux obéi, avec moins de dépense et d'embarras;
car le travail et les services de l'homme libre sont
de beaucoup supérieurs à ceux de l'esclave; ils sont
même, en tenant compte de tout, bien moins onéreux.

« Ce nouveau progrès de l'humanité a donc été
favorable à tous, même à ceux qui redoutaient
le plus d'être dépouillés d'un droit monstrueux,
d'une propriété jusqu'alors incontestée ! Plaindrez-
vous maintenant les possesseurs d'esclaves, s'ils
deviennent victimes de leur obstination à fermer
les yeux devant de pareils exemples, et à repro-
duire aujourd'hui des arguments réfutés depuis
deux mille ans par la raison, par le sentiment et
par les faits?

« Mais la lutte n'est pas terminée, parce que

l'injustice n'est pas encore entièrement réparée ; le prolétaire a succédé au serf et à l'esclave ; son labeur est tellement excessif et si mal rétribué qu'il s'oppose au développement complet et régulier de son corps, de son intelligence et de sa moralité ; quelque long que soit son travail, il ne lui rapporte pas assez pour satisfaire à ses besoins, et, à plus forte raison, pour nourrir sa femme et ses enfants : il est donc exposé, lui et les siens, à la misère et à l'abrutissement, c'est-à-dire, à toutes les infirmités, physiques, intellectuelles et morales. En un mot, le pauvre est exploité par le riche, le travail est pressuré par l'avidité des capitalistes, d'une manière injuste, inhumaine, puisqu'il y a violation des droits, des intérêts des uns au profit exclusif des autres. Or, partout où les rapports entre les capitaux et le travail ne sont pas fondés sur la justice, c'est-à-dire, sur des avantages réciproques, il y a lutte, et lutte d'autant plus violente que l'injustice est plus grande.

« Les états les plus libres, les plus prospères, les plus puissants de l'antiquité ont dû se défendre autant contre leurs esclaves que contre les ennemis du dehors. Leurs législateurs, leurs hommes d'état, leurs philosophes ont laissé tant de lois, tant de règlements ou de conseils à cet égard, qu'il est facile de juger combien le danger était grand et continuel ; car l'histoire ne nous a transmis que les événements qu'elle ne pouvait taire ; le reste a été soigneusement étouffé dans le silence pour ne pas laisser transpirer de terribles mystères. Bien plus, chose remarquable ! les dangers ont été partout en proportion exacte avec la cruauté des maîtres. Sparte fut continuellement menacée : elle courut souvent de grands hasards, et l'on sait avec quelle barbarie elle traitait ses ilotes. Rome ne fut guère plus humaine : aussi l'Italie ne fut-elle pas plus tranquille : elle n'eut pas trop de ses plus grands capitaines et de ses plus braves légions pour soumettre Spartacus ; et ses historiens nous ont caché la plus grande partie de ses alarmes dans d'autres luttes de même nature. Athènes, au contraire, n'eut jamais rien à redouter de semblable, parce qu'elle traita toujours ses esclaves avec douceur ; et, ce qu'il est bon de noter, les institutions bienveillantes de ses législateurs, les conseils paternels de Platon, d'Aristote, etc., ne s'adressaient qu'aux maîtres et n'avaient en vue que leur avantage : tant il est vrai que les principes d'humanité sont toujours utiles à ceux qui les pratiquent. Au lieu de les présenter aux heureux du jour comme des *devoirs*, comme des *sacrifices*, il serait donc facile de leur démon-trer qu'on ne leur demande pas autre chose que de bien comprendre leurs véritables intérêts. Le passé devrait pourtant leur ouvrir les yeux sur l'avenir.

« Dans aucun état de l'antiquité, les esclaves ne faisaient partie de l'armée. Il y aurait eu trop de dangers à mettre des armes entre les mains d'hommes mécontents et qui avaient tant de mo-tifs de l'être. On savait d'ailleurs comment se bat-tent ceux qui n'ont rien à gagner au succès de la bataille, rien à perdre à la défaite. On avait bien assez de les contenir à l'intérieur quand les armées étaient appelées au dehors. Voyez, au contraire, ce qui s'est passé pendant votre révolution ! ce sont les prolétaires qui ont sauvé la bourgeoisie, le pays et la liberté. Le peuple a fait des prodiges, parce qu'il était associé aux intérêts de tous. Partout il s'est comporté de même dans des circonstances analogues. Lisez les histoires de Florence, de Gênes, de Venise, d'Angleterre, des Pays-Bas, rappelez-vous la guerre de l'indépendance espagnole, etc., vous verrez partout combien il importe au riche d'intéresser le pauvre à la défense du pays; combien le pouvoir est fort quand il s'appuie sur l'intérêt général.

« En 1814 et 1815, Napoléon n'a pu faire, avec son génie militaire, ses trésors et ses armées si bien disciplinées, si longtemps victorieuses, il n'a pu faire ce qu'avait fait pourtant la Convention, sans argent, sans généraux, sans discipline militaire, avec la désorganisation de tous les pouvoirs, les luttes sanglantes de tous les partis et la guerre civile sur tous les points du territoire. Pourquoi donc Napoléon ne put-il empêcher la capitale d'être souillée deux fois par la présence de l'étranger? C'est qu'il s'était mis à la place de la patrie. Or, celui qui se bat pour un maître cherche bien moins à se rendre propre aux combats qu'à trouver les moyens de s'y soustraire, comme l'a déjà dit Hippocrate en comparant les Perses aux Grecs, ce qui prouve combien cette vérité est ancienne.

—Cependant le retour prodigieux de l'île d'Elbe?..

— Il confirme justement ce que je viens de dire ; car la marche triomphale de Napoléon fut préparée par l'impopularité des Bourbons : on comptait aussi sur un changement produit par l'adversité, par la réflexion, dans les tendances despotiques de l'ex-empereur : on espérait surtout qu'il serait ramené vers la liberté par son propre intérêt, par une absolue nécessité.

« En effet, pour résister à l'Europe entière ameutée de nouveau contre la France, il fallait ébranler tout le peuple, et pour l'électriser il fallait l'intéresser largement au succès. Mais le despote fut plus jaloux de conserver son pouvoir intact que de sauver le pays ; il ne compta que sur son génie militaire et ne voulut que des armées régulières. Quand la stratégie lui eut manqué, il se trouva seul. Si tout le peuple se fût levé spontanément comme en 93, un seul désastre n'eût pas perdu le pays sans retour; ou plutôt Waterloo n'aurait pas eu lieu parce que la guerre eût pris un autre caractère, et qu'elle eût été poussée plus vigoureusement. Napoléon lui-même l'a dit en parlant de l'Espagne : « On ne soumet pas une nation bien décidée à se défendre. » Mais pour qu'elle y soit bien décidée, il faut qu'elle se batte pour elle-même.

« L'insurrection de la Pologne n'aurait pas échoué, si elle avait été en même temps une véritable révolution politique, c'est-à-dire, si l'émancipation des serfs eût été proclamée immé-diatement, comme le voulaient les hommes les plus généreux et les plus clairvoyants ; c'est la résistance des grands propriétaires qui a tout perdu... eux les premiers.

« Ainsi, toujours et partout, l'égoïsme est puni de son imprévoyance par ses propres malheurs.

« Après l'insurrection de juillet...

Plusieurs voix : — Dites donc la révolution de juillet !

— Il n'y eut pas véritablement de révolution politique. Ce fut plutôt un changement de dynastie, une proclamation éclatante de la souveraineté du peuple : mais on n'a pas encore tiré les conséquences de ce principe fécond..... Après l'insurrection, ou, puisque vous le voulez, après la révolution de juillet, le peuple déposa les armes sans rien stipuler pour lui.

— En quoi il eut tort, s'écrièrent à la fois plusieurs auditeurs.

— C'est vrai : mais rien n'était formulé quand éclata subitement la colère légitime du peuple : il ne pensa d'abord qu'à punir les violateurs du pacte social. Après avoir obtenu ce résultat, le vainqueur généreux s'en remit, pour le reste, à ceux qui en savaient plus que lui, et qu'il supposait animés des mêmes sentiments et associés aux mêmes intérêts ; c'est en cela seulement qu'il s'est trompé. La bourgeoisie, qui avait fait la première révolution, en s'appuyant sur le peuple et en travaillant pour lui, se laissa voler les résultats de la seconde, comme elle s'était laissé arra-

cher ceux de la première, par une coupable faiblesse pour le pouvoir et par inexpérience des
affaires. Après quelques émeutes, les égoïsmes
furent alarmés, et les héros de juillet devinrent des
prolétaires turbulents, dangereux, puis, enfin, de
la canaille.

« L'insurrection lyonnaise fut étouffée par la force
brutale ; et, malgré la moralité manifestée par les
ouvriers pendant tout le temps qu'ils furent maîtres absolus de la ville, le pouvoir ne vit pas ce qu'il
y avait de profond dans cette devise : *Vivre en
travaillant ou mourir en combattant.* Il ne fit rien
pour organiser le travail d'une manière juste ;
il ne tenta même rien pour empêcher l'exploitation du pauvre par le riche, du travailleur par l'oisif ; et cependant, tant que cet immense problème
ne sera pas résolu dans l'intérêt de tous, il n'y
aura pas de repos pour la société, pas de sécurité
pour le riche : il est aussi intéressé que le prolétaire à ce que la solution en soit prompte et surtout
équitable.

« La question est la même aujourd'hui que

dans l'antiquité. Pourquoi les esclaves anciens sont-ils toujours représentés comme des ennemis intérieurs, constamment prêts à se révolter, à se venger, à dérober, à faire tout le mal qui était en leur pouvoir? Pourquoi les créoles en disent-ils autant de leurs nègres, dont la race est pourtant si différente? Ce n'est pas seulement parce que l'esclavage dégrade l'homme, cela n'expliquerait qu'une partie de ses vices. Ses instincts de haine, d'envie, de vengeance, de révolte, tiennent à ce qu'il existe dans les âmes les plus ignorantes et les plus abjectes un sentiment inné de justice, de devoirs réciproques, qui n'a pas besoin d'éducation pour se développer; et cet instinct du sens commun persiste même au milieu des fers et de l'abjection la plus profonde. Quiconque sent que justice ne lui est pas rendue se croit autorisé à se la faire soi-même: c'est la dernière vertu qui survit dans l'âme de l'esclave, quel que soit son abrutissement. D'ailleurs, en mettant de côté toute métaphysique, il a le sentiment continuel de ses peines, de ses misères, de ses privations : les animaux eux-mêmes se révoltent contre la brutalité de leurs maîtres par le seul sentiment de la douleur.

« Le prolétaire, aujourd'hui, jouit de quelque liberté, d'une certaine égalité théorique, qui lui donnent plus de patience et de vertu ; mais il est encore exploité par le riche oisif ; car celui qui possède les capitaux se fait la part du lion dans la valeur que le travail donne à la matière brute. L'ouvrier sent néanmoins qu'il a le droit de vivre et de faire vivre les siens par un travail compatible avec son organisation ; il sent qu'il ne peut être privé par personne des douceurs de la famille, et que ce serait une calamité plus grande pour le pays. Aucun argument ne saurait prévaloir contre l'instinct de la justice, contre la logique pressante du besoin. La dépendance du prolétaire par rapport aux capitaux n'est guère moins injuste que la possession de l'esclave par le maître ; c'est toujours la continuation du même fait, l'exploitation du travail par l'oisiveté ; tant que cet état n'aura pas cessé, il y aura lutte, malaise de part et d'autre, dangers réciproques, marasme au dedans et impuissance au dehors.

« La bourgeoisie, qui est aujourd'hui à la tête des affaires et qui doit s'en emparer de plus en plus, ne tient pas moins aux intérêts d'argent qu'elle a su se créer, que la noblesse d'autrefois ne tenait à ses priviléges ; elle n'est pas moins imprudente, elle ne comprend pas mieux les leçons du passé.

« Si la noblesse et le clergé français furent moissonnés par la révolution, c'est qu'ils s'étaient isolés de la nation, c'est qu'ils étaient devenus un obstacle au progrès. »

Une voix. — Louis XVI n'avait-il pas, comme Turgot, les vues les plus philanthropiques ? ne montra-t-il pas à son avénement au trône un ardent amour du peuple ?

— Aussi fut-il alors éminemment populaire.

— Cette popularité ne dura pas longtemps ?

— C'est que Louis XVI, au lieu de suivre envers la noblesse et le clergé la conduite de tous ses prédécesseurs, voulut s'appuyer sur ces deux corps, ou plutôt les protéger quand ils avaient perdu toute leur puissance, tout leur prestige ; quand il ne leur restait plus qu'à périr ou à se transformer. Tout le reste fut la conséquence de cette fatale déviation à la politique qui, jusqu'alors, avait toujours si bien servi les rois de France.

La même voix. — En Angleterre, l'aristocratie et le clergé n'ont pas été moins égoïstes, et cependant ils sont encore debout ; ils sont même plus puissants que jamais.

— C'est qu'ils ont mieux compris leurs intérêts ; c'est qu'ils les ont associés à ceux du pays. L'aristocratie s'est mise à la tête de toutes les luttes que la nation a soutenues contre le despotisme.

— Parce que les dynasties qui ont régné sur l'Angleterre étaient d'origine étrangère, et par conséquent hostiles, ou du moins suspectes, aux grands du pays.

— Peu m'importe la cause première, c'est le fait que je constate : cette oligarchie a constamment travaillé aux progrès de la liberté anglaise, à la gloire et à la prospérité nationales.

— Le clergé anglican s'est emparé des dépouilles du papisme avec une avidité sordide.

— Oui, mais il a fait passer ces biens de main-morte dans la circulation générale, par suite du mariage des ministres du culte; mesure éminemment morale et politique qui changea des fanatiques en pères de famille, des sujets de Rome en véritables citoyens; tandis que le prêtre romain n'a pas d'autre patrie que l'église, d'autre souverain que le pape.

« Ce qui prouve combien sont justes les appréciations des masses, c'est l'auréole de gloire et de reconnaissance dont elles ont entouré les noms de tous ceux qui ont renoncé à l'esprit de caste pour prendre généreusement la défense de la démocratie. Sans parler de Mirabeau, de Larochefoucauld, de Saint-Simon, etc., est-il dans l'histoire une popularité plus pure, plus puissante et mieux méritée que celle de Lafayette? est-il un plus beau rôle, une vie plus dévouée et mieux remplie, une foi plus inébranlable? Qui exerça jamais, sans aucun pouvoir officiel, plus d'empire sur une nation? qui produisit une fascination plus magique sur toutes les imaginations, sur toutes les volontés? Connaissez-vous un homme dont la mémoire ait été plus souvent bénie, et soit restée gravée plus profondément dans tous les esprits?

Une voix. —Cependant, cette popularité ne résista pas toujours au débordement des passions démagogiques.

—Eh bien! dans ce moment même, l'instinct populaire ne s'était pas trompé. Lafayette, attiré vers le malheur par l'impulsion chevaleresque de son caractère, avait offert à Louis XVI de revenir à Paris avec son armée : ce mouvement eût perdu la France en découvrant ses frontières, et n'eût pas sauvé le roi. Cette faute n'était due qu'à l'égarement d'un cœur généreux ; mais quelle conséquence n'en devait-il pas résulter pour le pays, pour la révolution, pour la cause démocratique? Les masses ont donc été justes, même dans le changement subit de leurs sentiments les plus opposés et les plus exaltés, envers le démocrate le plus pur qui soit sorti des rangs de l'aristocratie.

« Elles n'ont pas moins bien apprécié l'abbé Grégoire, quoiqu'il se soit toujours montré fervent catholique romain. Dans le temps des plus rudes épreuves pour l'église et des plus grands dangers pour ses ministres, Grégoire ne quitta jamais son costume ecclésiastique ; il ne cessa jamais de remplir ses dangereuses fonctions, quoiqu'il fût signalé au fer des assassins comme un fanatique ; il flétrit énergiquement les abjurations dictées par la peur ; il s'éleva contre les proscriptions générales des prêtres, sans jugement individuel ; et cette foi vive, sereine, inaltérable, fut toujours respectée par les plus ardents destructeurs du fanatisme et des abus.

« La noblesse et le clergé auraient donc évidemment joué le même rôle en France qu'en Angleterre, s'ils avaient associé de longue main leurs intérêts à ceux de la démocratie, au lieu de servir constamment la cause du despotisme.

« Le tiers-état fut tout puissant en 89, parce qu'il représenta la nation, ou plutôt l'humanité tout entière ; car il parla le langage de la raison universelle ; il formula ses principes en vue de toutes les classes de la société et de toutes les nations ; il termina l'insurrection des communes, commencée et bien souvent reprise par ses pères, en lui donnant une plus large base, et par conséquent une assiette plus solide. C'est parce que le tiers-état défendit les intérêts du peuple en même temps que les siens, qu'il en fut secondé avec cette énergie électrique à laquelle rien ne résiste. C'est ce qui lui a permis de sauver la patrie et la révolution des plus grands dangers intérieurs et extérieurs dont l'histoire ait jamais conservé le souvenir, de faire triompher le principe démocratique de tous les despotismes coalisés.

« Si la bourgeoisie n'a pas conservé la direction des affaires publiques, l'initiative des grandes entreprises et des réformes utiles, c'est qu'elle a perdu son influence nationale en oubliant sa mission primitive, en isolant ses intérêts de ceux du peuple, pour servir tous les pouvoirs qui lui offraient aide et protection, pour leur demander des titres, des décorations, et je ne sais quel vernis d'aristocratie.

« Cependant, c'est dans cette classe moyenne que se trouve cette honnête aisance, premier élément d'une véritable indépendance et d'une instruction

solide. C'est là qu'il faut chercher la probité tradi-
tionnelle et l'exemple des vertus domestiques ; en
un mot, les conditions les plus propres à former
des citoyens utiles et dévoués. C'est dans cette immense pépinière que la société doit puiser, en plus
grande abondance, ces organisations privilégiées,
dont le germe peut facilement se développer, à
l'abri de la misère qui atrophie tout et de l'ex-
trême opulence qui peut tout pervertir. C'est à cette
classe moyenne, incessamment renouvelée par les
deux autres, qu'est réservé l'accomplissement de
l'œuvre commencée par ses pères. Mais pour
qu'elle recouvre la même influence, il faut qu'elle
reprenne la même mission, qu'elle s'impose les
mêmes devoirs et s'y dévoue sans réserve.

— La bourgeoisie, aujourd'hui, est bien loin de
comprendre cette grande et belle mission d'avenir !

— Elle sera bientôt forcée d'ouvrir les yeux sur
ses propres intérêts, et de ressaisir un rôle qu'elle
seule peut désormais remplir. Tout annonce
qu'elle en a déjà le vague pressentiment ; et la nécessité lui donnera promptement l'expérience qui

lui manque. C'est pour elle la question d'être ou de n'être pas ; *to be or not to be*. Elle comprendra bientôt qu'il n'y a jamais d'association véritable que dans un but commun ; qu'il n'y a jamais coopération égale sans avantages réciproques ; que l'égoïsme n'a jamais provoqué le dévouement, et qu'il a toujours été puni par ses propres et inévitables conséquences.

« Ce que j'ai dit des relations d'homme à homme, de classe à classe, on peut le dire des relations de province à province, de peuple à peuple. Si l'Irlande n'est pas encore assimilée à l'Angleterre depuis tant de siècles, c'est que l'Irlande est traitée non pas en égale, mais en vaincue ; c'est qu'il n'y a jamais eu entre elle et l'Angleterre réciprocité complète d'avantages, de droits et de procédés. Les peuples conquis, traités en vaincus, ont toujours été disposés à faire les efforts les plus désespérés pour recouvrer leur indépendance ; ils se sont toujours comportés comme les esclaves envers les maîtres, parce qu'ils n'étaient pas moins malheureux. Il n'y a jamais fusion entre deux peuples que par des avantages réciproques : la justice et l'humanité ont plus fait à cet égard que la force brutale.

« Cependant, puisqu'il est utile aux peuples de former des agglomérations de plus en plus larges, elles se formeront dès qu'elles seront possibles, et que le besoin s'en fera sentir. Les télégraphes, les chemins de fer, les bateaux à vapeur, diminuant de plus en plus les distances, rendent tous les jours plus faciles et plus durables les extensions des sociétés les plus prospères, par l'adjonction spontanée de populations voisines.

« L'état actuel de l'Europe annonce qu'elle est arrivée à l'un de ces moments suprêmes où son assiette doit s'établir sur des bases plus étendues, plus rationnelles, et par conséquent plus stables. Tous les hommes éclairés en ont le vague pressentiment ; chaque nation sent que tout est provisoire et précaire chez elle et chez ses voisins. Toutes doivent donc se préparer à ces changements en cherchant suivant quelle loi ils doivent s'opérer, afin de s'y préparer d'avance et d'y concourir avec l'intelligence des événements, à mesure qu'ils se développent; car les nations les plus heureuses, les plus prospères, seront celles qui auront le mieux compris les besoins de l'humanité, mieux prévu l'avenir. Malheur, au contraire, à celles qui voudront s'opposer à des résultats inévitables!

« Mais cette loi, elle est connue; c'est toujours celle des besoins, des intérêts réciproques.

— Et les rapports des langues, s'écria le consul de Prusse, les comptez-vous pour rien?

— Non, sans doute, mais les affinités du langage sont comprises dans ce que je viens d'appeler besoins et intérêts réciproques des populations. Il faut de même y faire rentrer les rapports géographiques dont l'influence est bien plus grande que celle des langues; car on pourrait la comparer à celle de l'organisation dans les êtres vivants; de telle sorte qu'il est souvent facile d'en prédire, bien des siècles d'avance, les résultats forcés.

— La même voix : En pourriez-vous citer une preuve irrécusable?

— Cela n'est pas difficile. Strabon, par exemple, a porté le jugement le plus exact sur l'avenir de la

Gaule, en se fondant uniquement sur des considé-
rations géographiques. Il avait parfaitement vu
qu'il serait aisé de joindre l'Océan à la Méditerranée par la Garonne et ses affluents; d'unir tous
ses grands cours d'eau par des canaux, qu'il in-
dique avec précision et qui sont maintenant exécutés : il en avait conclu que la Gaule serait à la
fois industrielle, commerçante et agricole. La surface peu accidéntée de son territoire, si bien cir-
conscrit, avait surtout fait prédire à Strabon que
toutes ses parties seraient très-intimement unies,
sous un gouvernement homogène, avec une administration uniforme et compacte. Je vous le dé-
mande, monsieur le consul de Prusse, était-il possible de prédire l'avenir d'un pays avec une précision
plus admirable d'après sa constitution géographique ? Avais-je si grand tort de la comparer à l'organisation des êtres vivants ? »

Ici, la discussion devint bruyante, confuse, et
bientôt inextricable. Le docteur Lebon me dit alors
d'un air triomphant : « Il y a sans doute beaucoup

d'irrégularité dans l'enchaînement de toutes ces idées ; mais il en est de même dans toute véritable improvisation, et c'est le fonds qu'il faut juger. Eh bien, Monsieur, sans le hachych, cela ne serait certainement jamais sorti de sa poitrine, du moins avec cette conviction profonde qui le rend heureux. Pendant tout le dîner, il était resté taciturne, et le champagne lui-même n'en avait rien tiré.... N'essaierez-vous pas une petite tasse de cette bienheureuse infusion ?

— Merci, merci, je suis très-nerveux ; et depuis une heure que j'aspire cette épaisse fumée, j'ai déjà la tête brûlante ; je me sens agité, j'ai besoin de respirer un air frais et de prendre du repos.

— C'est l'effet du tabac mêlé au hachych : ceci vous remettra.... avalez vite et prenez votre chapeau.... j'irai vous reconduire. »

Je me laissai faire et nous nous esquivâmes. Le docteur Lebon me ramena jusqu'à l'hôtel Beauveau, en continuant à me développer ses plans de réforme, ses idées politiques, ses espérances pour un avenir prochain. Ensuite je le reconduisis jusqu'à l'hôtel des États-Unis; puis il revint encore jusque chez moi. Enfin, après je ne sais combien d'allées et de venues, il monta jusqu'à ma chambre, me serra la main avec effusion, et me dit en se retirant: «Il est des choses auxquelles on peut croire comme si on les voyait, parce qu'elles sont inévitables.... En attendant, ayez des songes qui vous consolent du présent. »

III.

Dès que je fus couché, je sentis de grands
battements dans les artères qui reposaient sur
l'oreiller, et je me retournai plusieurs fois pour
faire cesser ce bruit incommode, tout en réfléchis-
sant à ce que je venais de voir et d'entendre. Je
revins d'abord en Égypte avec mon nouvel ami le
docteur Lebon. Je revis les belles Abyssiniennes, la
chasse aux autruches et aux giraffes, le lavage des
sables aurifères, les bords de la mer Rouge. Puis
mon imagination se promena dans l'Inde, au Thi-

bet, en Chine, au Japon. Mes idées se brouillèrent insensiblement, et je m'endormis, ou plutôt je passai le reste de la nuit sous l'influence du hachych, dans un état intermédiaire entre la veille et le sommeil.

Après avoir parcouru successivement les îles de la Sonde et Java, les colonies anglaises de l'Australasie, de la Tasmanie, de la Nouvelle-Zélande, et tout l'archipel de l'Océanie, j'arrivai en Amérique par la Californie ; je traversai les montagnes Rocheuses sur un *rail-way*, puis les lacs Huron, Michigan, etc., et j'assistai à la reconnaissance de deux nouveaux états, ceux de Wisconsin et de Jowa, qui cessaient d'être de simples territoires pour faire partie des étoiles de l'Union ; et je passai un des premiers par le canal de Panama. Enfin, après avoir visité le cap de Bonne-Espérance, Tombouctou et les montagnes de la Lune, je descendis le Nil-Blanc, les cataractes, etc.

En arrivant à Alexandrie, je fus très-surpris de trouver en pleine activité le canal de communication du Nil avec la mer Rouge, par Suez, à travers la vallée de l'Égarement, dernière trace de l'ancien canal, ouvert au commerce de temps immémorial et à moitié comblé par les sables. Là, j'appris que le convoi de Bagdad à Saint-Jean-d'Acre venait d'arriver par le chemin de fer. Il me parut impossible que tant d'améliorations eussent pu s'opérer depuis mon départ, et je fus encore plus surpris des embellissements de la ville, du grand nombre d'Européens que je rencontrai dans les rues, des costumes et de la bonne tenue des troupes pendant la revue. Je m'expliquai bien pourquoi les commandements se faisaient en français, par l'adoption de nos manœuvres, de notre tactique, sous l'influence de nos officiers instructeurs ; mais il me fut impossible de comprendre pourquoi le croissant turc était renversé avec ses deux extrémités en bas ; pourquoi il était composé de bandes diversement colorées, etc. Ceux à qui je m'adressai pour avoir l'explication de ce changement me rirent au nez ; et se contentèrent de me répondre en haussant les épaules : « Vous prenez donc cela pour un croissant, brave homme ? Vous n'avez donc pas lu ce qui est écrit au-dessous? » Un peu confus, je m'excusai sur l'agitation du drapeau, et je m'embarquai pour Marseille, sans oser m'adresser à d'autres ; je me rappelai seulement que j'avais vu le même drapeau sur plusieurs monuments du Caire et jusque dans la Haute-Égypte.

Le bâtiment sur lequel j'étais parti le soir fendait la mer comme un dauphin. Cependant je ne voyais ni mâts ni voiles ; je ne remarquai pas non plus de cheminée ; bien plus, je ne sentais aucune secousse, je n'entendais aucun bruit qui ressemblât à ceux que produisent les roues des bateaux à vapeur. J'en témoignai ma surprise au capitaine, qui me répondit négligemment : « C'est tout simple, Monsieur, nous marchons par l'électricité. » Ces mots me rappelèrent aussitôt la description du physicien de Leyde, et, pour avoir l'air d'être plus instruit que je ne l'étais, je répondis avec le même abandon : « C'est probablement par le système Vanderbrook? »

— Pardon, Monsieur, pardon, Vanderbrook avait été plus loin que Jacobi, puisqu'il avait mis en mouvement, non plus des bateaux, mais de gros navires, et avec une grande vitesse ; mais il employait des appareils galvaniques, qui exigeaient des provisions d'acide aussi embarrassantes que le charbon. Les idées de Becquerel....

— Vous avez probablement supprimé les roues aussi?

— Oh! il y a bien longtemps qu'on n'emploie plus que les hélices.

— Les hélices?

— Oui, ce sont deux espèces de vis d'Archimède, d'une dimension proportionnée à celle du navire, mais qui ne font qu'une révolution complète, ou un tour de spire. Placées dans la partie profonde des eaux vives, elles sont toujours submergées et ne peuvent par conséquent jamais battre à faux, quelle que soit l'inclinaison du navire : par la même raison, elles ne sauraient être atteintes non plus par aucun projectile. D'un autre côté, comme leur action est tout à fait indépendante, l'une peut agir tandis que l'autre est immobile, et alors le bâtiment tourne sur lui-même en décrivant une courbe dont la convexité se trouve du côté qui se meut : ce qui a permis de supprimer aussi le gouvernail, autre avantage immense, comme vous le concevez. »

Je restai confondu de voir tant de progrès réalisés en si peu de temps. Ainsi, me disais-je, c'est l'électricité qui est le grand moteur, l'agent universel ; c'est la même cause qui agit sur les atomes et sur les masses. Je passai presque tout mon temps à me faire expliquer le jeu de toutes ces machines ; mais, comme elles étaient nécessairement soustraites à la vue, je n'en pris qu'une idée confuse.

Arrivés à Marseille, nous fûmes dispensés de toute quarantaine, et nous entrâmes en libre pratique sitôt que les papiers de bord eurent été convenablement examinés. Je trouvai le port très-agrandi ; les quais étaient aussi beaucoup plus larges ; l'eau me parut moins sale, et presque sans mauvaise odeur. La campagne environnante était plus verte, plus boisée, et mieux cultivée ; des fontaines-bornes coulaient à presque tous les coins de rue. Tout cela provenait, me dit-on, de la dérivation d'une partie des eaux de la Durance, par des travaux immenses exécutés depuis longtemps aux frais de la ville.

A l'entrée de la Canebierre, je vis la foule attroupée autour d'une immense affiche, au haut de laquelle je lus en gros caractères :

BANDO DU CONGRÈS IBERGALLITALE,

27 Juillet 1945.

Je demandai ce que c'était, et mes voisins me répondirent simplement : « C'est la proclamation du dernier décret de notre congrès général. » Ce qui ne m'apprit rien. Je ne compris pas mieux les explications qui me furent données, je dois l'avouer, avec beaucoup de complaisance, quoiqu'on parût étonné de la naïveté de mes questions, surtout relativement à la date de ce décret ; date que je remarquai, du reste, sur toutes les affiches ou annonces que je consultai. Il était évident qu'on me parlait de choses dont je n'avais pas la moindre idée, comme étant bien connues de tout le monde. Je cherchais à me rendre compte de cette lacune dans ma mémoire, lorsque j'aperçus mon bon Cauvière, tel à peu près que je l'avais vu la dernière fois. Dans la vivacité de ma joie, je courus à sa rencontre, et je lui serrai chaudement la main.

— Mille pardons, Monsieur, je n'ai pas l'honneur.....

— Comment! n'êtes-vous pas le docteur Cauvière?

— En effet, je m'appelle Cauvière, mais je suis professeur d'histoire et ne m'occupe guère de médecine. Il n'y a jamais eu de praticien dans ma famille que mon grand-père.

— Qui logeait rue de Rome, n° 75?

— Précisément; c'est de lui que mon père, ingénieur des ponts et chaussées, tenait cette maison. Comment savez-vous?...

— Il me semble qu'il y a bien peu de temps que je l'ai quitté.

— Vous voyez bien que c'est impossible?

— Sommes-nous donc réellement en 1943?

— Qui pourrait en douter? Vous venez donc de l'autre monde?

— Je vous avoue que je ne sais plus au juste d'où je viens, ni où j'en suis. J'ai tant couru depuis que j'ai quitté Marseille; j'ai été si vite; j'ai vu tant de choses et si rapidement, que ma tête se brouille.

— Cependant, on sait au moins dans quelle année on vit!

Cette réflexion me parut péremptoire et je n'osai répliquer; je me rejetai seulement sur les anciennes relations qui avaient existé entre nos deux familles.

— Puisque vous avez si souvent entendu parler de mon grand-père, me dit le professeur d'histoire, venez dîner avec moi; nous causerons à notre aise de celui dont la mémoire est restée si chère à tout le pays.

— Avec beaucoup de plaisir. Mais dites-moi, chemin faisant, pourquoi nous avons été dispensés de toute quarantaine en venant d'Alexandrie. J'avoue que je la redoutais prodigieusement!

— Pourquoi voulez-vous qu'il y ait une quarantaine pour les provenances d'Égypte, lorsqu'il n'y en a plus depuis si longtemps pour celles de l'Algérie ?... Dailleurs la peste est devenue très-rare en Égypte depuis que ce pays est soumis à notre police hygiénique. Non-seulement le barrage du Nil a permis d'inonder et de fertiliser une plus grande surface du pays ; mais on a obtenu, par des canaux bien distribués, l'écoulement facile des eaux, même des endroits les plus bas, lorsqu'elles y ont déposé leur limon. Ce n'est d'ailleurs que l'application des plans dressés par nos savants de l'expédition d'Égypte, d'après les ordres de Bonaparte. Les maisons sont plus vastes et mieux aérées; les rues des moindres villes sont partout élargies, alignées, pavées, et débarrassées soigneusement de toute immondice , tandis qu'autrefois on ne comptait que sur les chiens errans pour en faire la police : eux seuls se chargeaient de dépecer, pendant la nuit, les chameaux, les ânes, etc., qu'on laissait pourrir sur la voie publique. S'il se présente encore des cas de peste, ils sont isolés, peu graves, et depuis bien longtemps personne ne croit plus à leur caractère contagieux : mon grand-père n'y croyait déjà plus.

— J'en suis bien enchanté, car c'était un grand fléau..... que les lazarets ; et qu'en avez-vous fait ?

— D'immenses entrepôts, communs à tout le commerce, où les marchandises attendent leur emploi, ou bien leur exportation. Les îles de Pomègues et de Ratonneau en sont couvertes.

— Maintenant pourriez-vous avoir l'obligeance de m'expliquer ce que signifie cette immense affiche dont je n'ai pu approcher à cause de la foule ?

— C'est le dernier bando du congrès ibergallitale.

— Sans doute ! mais, d'abord, qu'entendez-vous par *bando* ?

— C'est la proclamation d'un décret, d'une décision, d'un ordre suprême, qui a force de loi. La nuance que ce mot exprime nous manquait ; nous l'avons emprunté à l'espagnol, quand nous en avons senti la nécessité, comme nous en avons pris d'autres aux Italiens. Ces emprunts réciproques sont devenus très-communs depuis la fusion des trois peuples ; ce qui a beaucoup enrichi, fortifié, développé notre langue timide et pauvre , sans lui rien faire perdre de sa clarté , de sa précision. Au reste, les trois langues ont la même origine, le même génie, le même mode de construction. Ce sont trois idiomes issus d'une mère commune, la grande et puissante mère Romaine : aussi se ressemblent-ils comme trois jumeaux qui auraient été élevés dans des climats différents. Il y avait moins de rapport entre les patois de nos différentes provinces, patois qui maintenant ont presque entièrement disparu. En quelques jours, un homme intelligent peut se mettre au courant des différences qui caractérisent les trois idiomes; et la moindre pratique lui a bientôt appris le reste.

« La diversité des dialectes de la langue grecque n'empêchait pas les différents groupes de la Hellade de former une famille naturelle, comme on dit en botanique, en zoologie, etc.; lorsqu'un Dorien ou un Éolien se trouvait en Ionie, dans

l'Attique ou dans la Macédoine, tous se comprenaient facilement, quoiqu'ils reconnussent au
premier mot leur origine respective. Les ouvrages
écrits dans toutes les nuances de ces dialectes
étaient intelligibles pour tous, et profitaient à tous.

«Malheureusement pour la Grèce, et pour l'humanité tout entière, l'amour-propre de chaque
dème, les jalousies de bourgade, la rivalité des plus
petits intérêts, l'ont toujours emporté sur l'esprit de
fraternité qui aurait dû réunir en une seule famille
tous les enfants d'une même souche. Chacun s'est
cru supérieur à son voisin, a méprisé son dialecte,
sa prononciation. Les Macédoniens, par exemple,
étaient regardés comme des barbares, et les Béo-
tiens passaient pour stupides, etc. La plus légère
nuance d'intonation séparait un homme de tout un
peuple. Pour une marchande d'herbes d'Athènes,
Théophraste n'était qu'un *étranger*, quoiqu'il ne
lui eût adressé qu'une courte question, quoiqu'il
habitât l'Attique depuis trente ans; et le philosophe sentit avec amertume toute la portée de cette
qualification injurieuse.

« C'est ce misérable orgueil de localité qui a perdu la Grèce. La moindre taupinière a voulu imposer aux autres ses lois, ses mœurs, ses usages, par la force plutôt que par la persuasion. Un désir irrésistible et réciproque de domination a pris la place d'une louable émulation. De là ces guerres incessantes, ces haines implacables, invétérées, qui n'ont cessé d'ensanglanter toute la Grèce ; guerres intestines et sacriléges d'un peuple de frères ! Obstacle à jamais déplorable aux progrès de la civilisation ! Qui peut dire avec quelle vitesse eût marché l'humanité, si tant de puissance intellectuelle se fût répandue au dehors ; si tant d'énergie eût été mise à profit pour lutter contre la nature ou contre les barbares ! On peut en avoir une idée par les prodiges d'Alexandre, lorsqu'il eut concentré toutes les forces de la Grèce contre ses ennemis naturels.

« Mais la presse n'était pas inventée ; le système représentatif ne pouvait alors se développer dans l'intérêt de chacun et de tous ; la pensée même d'une fédération, plusieurs fois conçue par les génies les plus puissants et les plus aimants de la

Grèce, cette inspiration profondément salutaire, échoua contre l'esprit d'isolement, de lutte et de rivalité. Ce qui a fait le malheur des Grecs, c'est la désunion : si la Grèce eût été réunie en un seul corps, elle aurait devancé Rome de plusieurs siècles, elle aurait répandu plus vite les arts, les sciences, la philosophie ; et serait restée à la tête de la civilisation.

— Ce qui a fait la puissance des Romains, ajoutai-je, c'est en effet un but commun admis par tous, poursuivi par tous, avec confiance, avec dévouement. Dès le principe, ce peuple est pénétré du sentiment de sa puissance : on lui présente dans l'avenir la conquête du monde, et cette conviction intime ne l'abandonne plus : cette confiance aveugle dans sa destinée grandit son courage, le soutient dans les plus rudes entreprises, lui donne la persévérance qui en assure le succès, lui fait supporter avec résignation les fatigues et les privations ; soutenu par cette foi robuste, il ne s'émeut d'aucun revers, il se relève de toutes ses catastrophes et marche en avant, sans incertitude.

Merges profundùm, pulchrior evenit. Jamais peuple n'a produit rien de grand sans une passion commune, qui fit converger tous ses efforts vers un but déterminé. »

— Il y a beaucoup de vrai dans ce que vous venez de dire, répliqua mon nouvel hôte ; mais il ne suffit pas que le pouvoir et la nation se proposent les mêmes fins et qu'ils y développent la même énergie, la même intelligence ; il faut encore que le succès tourne au profit de l'humanité, pour produire de grands résultats, surtout des résultats solides. Ce qui a rendu les conquêtes des Romains faciles et durables, c'est qu'elles étaient utiles aux masses. Le vainqueur substituait partout des mœurs douces à des coutumes barbares ; il apportait avec lui les meilleurs lois connues ; elles étaient, de plus, uniformes et partout respectées. Ce qui a fait surtout la puissance des Romains et leur influence sur l'avenir des nations conquises, c'est l'union du pouvoir civil avec la force matérielle, de l'ordre, de l'uniformité administrative avec la discipline militaire : le peuple romain était essentiellement légiste ; il portait partout avec lui cet amour de la loi qui lui avait servi dans sa patrie à faire respecter ses droits. Il établissait partout ses poids, ses mesures, et surtout ses municipes, cette gestion des affaires du pays par le pays, ce principe paternel de justice administrative, de vie, de liberté locale, ce germe fécond qui a résisté à l'invasion des Barbares, et dont le développement a sauvé plus tard la civilisation dans la lutte des franchises communales contre la féodalité.

« Les municipes avaient spécialement pour les Romains un immense avantage : les impôts, les corvées, les exactions de toute espèce paraissaient moins arbitraires entre les mains des magistrats du pays, qui connaissaient parfaitement toutes ses ressources ; et l'odieux de toutes ces mesures retombait plutôt sur ceux qui les faisaient exécuter que sur le vainqueur, qui s'effaçait après les avoir ordonnées.

« Les Romains construisaient partout des fontaines, des routes, des ponts, des canaux, etc., dont le pays profitait encore plus qu'eux-mêmes ; ils portaient partout l'activité, la vie, les arts et l'industrie. Ils remplissaient donc une mission de progrès humanitaire ; et c'est pour cela qu'ils ont renversé tous les obstacles qui s'opposaient à leur marche, et qu'ils sont restés pendant des siècles le premier peuple du monde. Ils trouvaient des auxiliaires dans toutes les populations, parce qu'ils marchaient à la tête de la civilisation. S'ils n'avaient ressemblé qu'aux Spartiates, ils n'auraient rien fait de plus qu'eux ; et si toute la Grèce eût été constituée comme la Laconie, son nom ne serait peut-être pas venu jusqu'à nous ; ses derniers rejetons auraient été abandonnés par l'Europe aux cimeterres des musulmans.

« Il a fallu beaucoup de temps pour nous faire comprendre ces vérités, à nous les descendants, les héritiers des Romains ; car l'humanité marche en aveugle, à son insu, par toutes les voies, et les peuples qui contribuent le plus à son développement n'en ont pas toujours la conscience. Heureux sont ceux qui remplissent cette sainte mission, avec lumière ou instinctivement, et qui s'y dévouent! A eux l'enthousiasme qui féconde tout! à eux la sympathie des peuples, la plus grande somme de prospérité intérieure et d'influence extérieure qu'il soit possible à une nation d'espérer!

« Voilà, Monsieur, où nous en sommes. Les *Néolatins* comprennent maintenant tous ces faits sociaux, et ils embrassent les principes qui en découlent, comme des articles de foi. Le progrès de l'humanité est la base fondamentale de notre religion politique.

— Qu'entendez-vous par *Néolatins ?*

— Nous appelons ainsi tous ceux qui parlent une langue dérivée du latin, comme les Ibères, les Italiens et nous. »

En causant ainsi, nous arrivâmes à la maison. J'y retrouvai tout à peu près dans le même état : seulement, au-dessous du *Serment du Jeu de Paume*, je remarquai celui du congrès ibergallitale ; et la *Déclaration de l'Indépendance de l'Italie* faisait pendant à celle des États-Unis.

Mon hôte tira d'un des tiroirs de son bureau une grande et belle carte d'Europe collée sur toile ; il la déroula devant moi et me dit, en me faisant signe de m'asseoir à côté de lui : « Ceci nous permettra de mieux nous entendre. »

En effet, je vis, du premier coup d'œil, que les frontières du nord de la France n'étaient plus si rapprochées de Paris, et j'en éprouvai une joie bien vive ; car c'était sur ce point qu'avaient toujours porté mes inquiétudes ; c'était par là que je m'étais toujours attendu à voir déborder sur nous de nouvelles invasions.

— Vous avez donc aussi, dis-je à cette occasion, procédé comme les Romains ?

— Loin de nous cette pensée, Monsieur ! l'Empire nous avait dégoûtés de l'esprit de conquête ; l'expérience était faite, et la leçon était claire pour tout le monde. C'est notre dévouement à la cause des peuples qui a calmé leurs préventions et développé leurs sympathies en notre faveur. C'est l'exemple de notre prospérité qui les a rapprochés de nous ; c'est enfin la *force des choses*, cette puissance complexe, immense, irrésistible comme le destin !... Mais vous me parlez d'événements bien anciens, et je pensais que vous n'étiez resté étranger qu'aux plus récents. Vous avez donc quitté l'Europe depuis votre enfance pour ne vivre que parmi des sauvages?

— Que voulez-vous? on oublie d'autant plus vite qu'on voit tous les jours du nouveau! Faites comme si je ne savais plus rien, et reprenez les choses d'aussi haut que vous pourrez, afin que j'en saisisse mieux l'enchaînement.

— Mais alors ce sera bien long!

— Qu'importe.., si cela vous convient.

— Puisque vous le voulez, je remonterai jusqu'à l'événement dont vous me parlez ; c'est d'ailleurs celui qui a signalé le commencement de notre régénération politique :

« La Belgique étouffait dans ses limites étroites et peu naturelles ; Bruxelles seule jouissait de la triste vanité d'avoir une cour, et du misérable profit de la contrefaçon, cette impudente spoliation de la pensée, la plus incontestable des propriétés. Mais les fabriques de la Belgique, ses mines, ses houillères, ses usines, toutes ses industries enfin, manquaient de débouchés ; ses draps, ses fers, ses charbons de terre , etc., ne pouvaient s'écouler en Allemagne ni en Angleterre, où les mêmes produits existent en abondance et à meilleur compte ; elle n'avait pas de colonies pour les exporter. Le malaise général prouva donc à toutes ces populations actives, industrieuses, leur impuissance à constituer un état indépendant et prospère, une nationalité distincte et puissante, au milieu de la tendance de tous ses voisins à former des associations de plus en plus larges.

« Au reste, ce besoin s'était déjà fait sentir un demi-siècle plus tôt, et il s'était manifesté de la manière la plus éclatante par l'adhésion *spontanée* de la Belgique à la France.

« Les mêmes causes devaient produire les mêmes effets ; car il s'en faut de beaucoup que les Belges soient inquiets, inconstants, comme on l'a si souvent répété ; ils ont, au contraire, toujours poursuivi le même but, ou, si vous aimez mieux,

ils ont toujours été poussés par les mêmes nécessités dans des entreprises semblables, qui font honneur à leur caractère.

— Cependant, toute leur histoire ne semble
qu'une suite d'insurrections et de révoltes contre
tous les pouvoirs!

— Cette histoire, bien comprise, présente un
beau sujet de réflexions morales pour les peuples
et pour ceux qui les gouvernent.

« La Belgique, souvent envahie à cause de sa
position géographique et de sa fertilité, a dû souvent lutter contre ses agresseurs ; mais la surface
unie et découverte de son territoire ne lui a jamais
permis d'opposer une résistance efficace à des armées nombreuses. Les Belges ont donc été plus
souvent attaqués et plus facilement subjugués que
ne l'auraient été de pauvres montagnards. Traités
en peuples conquis, ils ont saisi toutes les occasions
de secouer le joug. Pressurés par les vainqueurs, ils
les ont détestés ; ils se sont montrés impatients de
leur domination, et l'on a tiré parti de ces insurrections répétées pour présenter les Belges comme

inquiets et mécontents par caractère, incapables de constituer leur nationalité et de s'unir à celle de leurs voisins. Des hommes intéressés à déguiser la vérité ont empêché de comprendre que cette disposition d'esprit était le résultat nécessaire de luttes continuelles contre d'injustes agressions ou contre des pouvoirs oppresseurs. On n'a pas vu que tous ces actes étaient l'expression irrésistible du sentiment profond et instinctif de la justice, qui ne s'efface pas plus de l'esprit des nations qu'il ne s'éteint dans le cœur des individus.

« Les Belges, s'étant unis *spontanément* à la France, en 1793, sont toujours restés fidèles à leurs affections ; jamais ils n'ont désiré se séparer de leur patrie adoptive, malgré la déplorable métamorphose que lui avait fait subir Napoléon au profit de son ambition. Qnand il est tombé, pour avoir substitué ses intérêts à ceux du pays, ce ne sont pas les Belges qui nous ont répudiés : on les a violemment séparés de nous, pour nous affaiblir, et pour flétrir en même temps la volonté libre des peuples : on les a jetés insolemment, sans leur aveu, dans un des plateaux de la balance des rois, pour compléter l'appoint d'un des parents du *magnanime* autocrate de toutes les Russies.

« Tombés ainsi, par hasard, sous la domination hollandaise , les Belges se trouvèrent froissés dans leurs intérêts, dans leur amour-propre, dans leur culte ; et par-dessus tout, ils eurent la douleur de voir leur langue remplacée par un idiome bâtard, ignoré du reste de l'Europe, et même dédaigné par ceux qui voulaient le leur imposer : ainsi l'on ne parlait que le français dans toutes les sociétés un peu distinguées de Hollande ; c'était la langue usuelle du bon ton, le cachet essentiel d'une bonne éducation pour les deux sexes ; et le hollandais aurait été la langue officielle des Belges !

« Est-il donc étonnant qu'ils aient profité de la première occasion pour faire cesser une dépendance aussi humiliante qu'onéreuse ?

« Il ne peut y avoir d'union durable entre les masses, comme entre les individus, qu'à condition d'une juste réciprocité. L'exploitation d'un peuple par un autre est aussi injuste que celle de l'homme par l'homme. C'est toujours le même outrage à l'humanité. Malheur à celui qui se le permet! Il en souffre toujours le premier, en attendant qu'il en soit puni ; car il ne rencontre qu'entraves et répulsion là où il avait besoin de trouver affection et concours dévoué.

« En détruisant l'œuvre impie de la Sainte-Alliance, les Belges n'ont donc fait que rentrer dans leurs droits imprescriptibles. S'ils les ont laissé violer, en 1814, c'est qu'ils ne pouvaient les faire respecter sans la France.

« En 1830, les Belges voulaient ce qu'ils avaient voulu toutes les fois qu'ils s'étaient révoltés contre les Romains, contre les Francs, les Normands, les Bourguignons, les Allemands, les Espagnols ; leur première pensée avait été, comme toujours, de secouer un joug étranger, onéreux et humiliant ; c'était leur premier besoin. Mais ils savaient très-bien qu'ils ne pourraient conserver leur indépendance et retrouver toute leur prospérité agricole et industrielle qu'avec l'aide de la France. Leur seconde pensée avait donc été de renouveler l'association spontanée de 93. Mais la France était alors dans les mains d'un pouvoir bien différent. La peur et les intérêts égoïstes, tout puissants, fermèrent les yeux sur l'avenir ; et les lâches qui avaient trahi la justice et le pays, espérèrent se laver en rappelant les continuelles insurrections de la Belgique, sans tenir compte de sa fidélité, de ses sacrifices envers sa sœur adoptive..... »

— Je sais tout cela, Monsieur, mais ce que je vous demandais.....

— Pardon, Monsieur, je désirais d'abord vous faire bien comprendre l'immense différence qui existe entre *l'union spontanée de deux peuples*, et *la conquête par la force brutale*. Le premier mode d'agrandissement est conforme à la justice et au progrès de l'humanité : il doit constituer à jamais le droit public des nations ; parce que la volonté des nations est sacrée et doit être respectée comme la liberté individuelle ; parce qu'il est juste, moral et dans l'intérêt de tous, que les bons gouvernements soient récompensés et les mauvais punis ; que les premiers prospèrent et se développent, tandis que les autres s'atrophient et s'éteignent. Les pouvoirs et les peuples ont besoin d'enseignements pratiques comme les individus. Quant à nous, *Néolatins*, nous avons renoncé aux traditions romaines, malgré notre origine, parce que la civilisation européenne est assez avancée pour marcher sans le secours de la conquête. Nous avons répudié l'égoïsme comme inique en principe, et comme nuisible en fait à celui qui s'y abandonne : mais aucun sacrifice ne nous empêche de respecter et de faire respecter la volonté librement exprimée de toute nation, grande ou petite.....

— A quelle époque eut lieu la dernière réunion de la Belgique à la France ?

— Vous m'étonnez de plus en plus par la nature de vos questions... Entendons-nous... Je veux bien vous donner mon opinion sur les événements les plus anciens et les mieux connus, parce qu'ils tiennent souvent à des causes inaperçues ou mal appréciées ; parce qu'il peut y avoir bien des manières d'en concevoir l'origine ; mais pour des époques et des dates précises, c'est l'affaire d'un mémorial, d'un almanach... ! Au reste, je me rappelle que vous m'avez demandé tout à l'heure si nous étions réellement en 1943 ! Que voulez-vous que j'en pense ? vous avez donc dormi comme Épiménide. »

— Véritablement, Monsieur, il me semble que je suis sous l'empire d'une étrange illusion, semblable à celle que produirait le hachych...

— Le hachych, reprit mon hôte en me regardant d'un air sévère, le hachych est la ressource des esclaves d'Orient. L'homme libre ne va pas chercher ses consolations dans une pareille drogue ! »

Il me parut que je venais de laisser échapper encore quelque sottise, et je me hâtai de m'incliner profondément en signe d'adhésion ; puis, pour sortir d'embarras, j'ajoutai d'une manière interrogative :

— Quant aux provinces rhénanes ?

— C'est une histoire plus compliquée, reprit mon hôte, beaucoup plus compliquée, à cause des nombreux intérêts qui étaient en jeu, et surtout à cause des rancunes et des susceptibilités soulevées par cette question irritante, et dont les gouvernements d'Allemagne profitèrent habilement pour ameuter contre nous les amours-propres, après les avoir exaltés par tous les moyens... Il faudrait revenir sur les anciennes convoitises de la Prusse par rapport au Hanovre ; sur les luttes soutenues par la Bavière, par la Saxe, le Wurtemberg, etc., pour le maintien de leurs institutions ; luttes dans lesquelles, soit dit en passant, nous ne sommes jamais intervenus que dans l'intérêt de la démocratie, et qui ont été la cause première du grand mouvement auquel tous les peuples allemands ont dû leur organisation compacte en nation germanique... Il faudrait surtout remonter aux améliorations successives que nous avons éprouvées nous-mêmes, sous tous les rapports, car c'est là principalement qu'il faut chercher les explications d'une solution pacifique dont nos pères ne s'étaient pas flattés.

— Reprenez les choses d'aussi loin que vous voudrez. Je suis absent depuis tant de temps !

— Ce sera peut-être plus long, plus minutieux

que vous ne pensez... Au reste, vous me préviendrez...

« La première amélioration dont nos pères eurent à se féliciter, celle qui prépara toutes les autres, fut relative à la presse périodique. La suppression des mesures de terreur, qu'on appelait lois de septembre, annonça le réveil de la bourgeoisie.

« L'injuste et scandaleux impôt du timbre fut supprimé bientôt après.

« Ce que nous ne comprenons pas maintenant, c'est qu'il ait été maintenu en 1830, après la plus incroyable victoire que la presse ait jamais remportée... maintenu par l'influence du ministre des finances qui, la veille encore, avait pris tant de part à la lutte... fatale erreur qui ne lui a pas permis de voir le piége du despotisme sous les apparences d'une simple mesure fiscale !

« Le cautionnement des journaux fut réduit au taux des plus fortes amendes que le jury pût prononcer ; et celles-ci furent réduites elles-mêmes de moitié.

« Plus tard, d'autres lois sur l'imprimerie firent rentrer cette industrie dans le droit commun. Dès lors les plus petites localités et les moindres bourses purent avoir leurs journaux. Aucun abus ne put rester ignoré et le peuple fut initié à toutes les questions qui l'intéressaient. La presse prit aussi une allure plus franche, plus démocratique, se dégagea de l'esprit étroit de coterie, laissa de côté les petites intrigues qui n'intéressent jamais que peu de lecteurs, et s'occupa tous les jours davantage des véritables intérêts du pays.

« D'un autre côté, le gouvernement représentatif reprit peu à peu son véritable caractère et rentra dans la voie qu'il n'aurait dû jamais quitter, par des améliorations successives apportées au système électoral, qui constitue *la loi des lois*, la base de tout véritable contrat social.

« Il y a deux manières tout à fait opposées d'entendre le système représentatif : dans l'une, le pouvoir, quel qu'il soit, se conforme aux décisions de la majorité ; dans l'autre, le pouvoir se crée une majorité factice. Le premier mode, le seul véritable, reçut en France sa première application en 89. Toute la nation prit part à l'élection des représentants de la volonté générale, et vous savez, le monde entier sait tout ce qu'ont fait l'Assemblée constituante, la Législative et la Convention.

« Napoléon, qui s'était fait élire hypocritement par la nation, après s'être emparé du pouvoir, Napoléon se conforma, de la même manière, aux exigences du système représentatif, et consulta la volonté nationale avec la même bonne foi. Il cassa le Tribunat qui le gênait; il créa le Sénat le plus servile, le Corps législatif le plus muet qui aient jamais existé: puis, quand il crut follement pouvoir s'appuyer sur tout cela, il tomba, parce que tout cela n'était qu'un vain simulacre; parce qu'il n'avait jamais connu ni voulu connaître les vœux et les intérêts du pays; parce qu'il avait substitué sa volonté à celle de la nation, ses passions, ses intérêts, à ceux de tous; il resta seul parce qu'il s'était isolé lui-même à mesure qu'il s'élevait.

« Les Bourbons suivirent les mêmes errements sans avoir les mêmes excuses. Napoléon avait pu

se dire : « Je suis le plus capable, puisque mon génie
« et ma volonté m'ont seuls placé à leur tête ; je
« dois donc faire prévaloir mes desseins, surtout
« lorsqu'ils ne concernent que moi, ma dynastie,
« ma famille. » Mais Louis XVIII, ramené deux
fois par les baïonnettes étrangères, n'avait pas la
même excuse... manquant de tout ce qui avait fait
la force de l'Empire, il employa l'astuce et l'in-
timidation pour se procurer cette majorité men-
songère, et il tomba dès que Napoléon eut remis
le pied sur le sol de la France !

« Charles X, après avoir essayé la fraude et l'hy-
pocrisie, s'est avisé, quand ces moyens lui ont
échappé, d'invoquer la force brutale ; et vous savez ce qui lui est arrivé.

« Louis-Philippe, l'élu du peuple, a commis la
même faute. Il s'est dit aussi : *L'état, c'est moi :*
mais il a surtout employé la corruption pour faire
prévaloir son système, c'est-à-dire, ses intérêts
particuliers et ceux de sa famille, sur ceux du pays.

— Je crois ce moyen le plus funeste de tous,
même pour celui qui l'emploie ; car il démoralise

une nation tout entière en commençant par les sommités. Mais je ne vois pas la liaison...

— Vous êtes pressé d'arriver à la conclusion... je vous avais cependant prévenu que j'avais besoin d'être un peu long, pour vous faire bien comprendre... Je me hâterai donc, après vous avoir fait remarquer toutefois qu'il existe plus de rapport que vous ne croyez entre l'émancipation complète de la presse et la réforme électorale, entre le véritable système représentatif et ce qui me reste à vous dire. Tous les progrès s'enchaînent d'une manière irrésistible, comme toutes les fautes sont punies par leurs conséquences inévitables.

« Les représentants du pays détruisirent bientôt les droits réunis, les octrois, tous les impôts onéreux et vexatoires qui portaient principalement sur les pauvres, et qui coûtaient énormément de perception. Celui qui ne possède rien, a bien assez de peine à pourvoir à tous ses besoins, sans être encore obligé de payer un impôt sur les objets les plus indispensables à son existence.

« La facilité d'un gain illicite provoque toujours la

fraude, et l'habitude de la fraude détruit le sentiment de la moralité dans les âmes les plus droites
et les plus honnêtes. Plus la fraude est facile, plus
il faut d'employés pour l'empêcher, plus leurs procédés doivent être minutieux et par conséquent intolérables.

« Il en résulte donc nécessairement d'immenses
frais de perception, deux armées d'êtres improductifs, démoralisés les uns par les autres, et vivant aux
dépens de l'homme laborieux, sans compter les
entraves apportées à la circulation, au commerce,
à l'industrie, les pertes de temps, et d'innombra-
bles tracasseries de détail, souvent gratuites et toujours irritantes.

« Ces entraves avaient ruiné la culture de la vigne,
qui convient si bien à la nature de notre sol, et qui
nourrit, sur une surface donnée, la population la
plus nombreuse, la plus robuste et la plus énergique. Ces entraves privaient de vins la moitié des
prolétaires de France.

« Par un instinct infaillible, le peuple a toujours
détesté, maudit ces contributions vexatoires, ceux

qui les perçoivent et ceux qui les imposent ; il a retiré son affection à tous les pouvoirs qui les ont établies ou maintenues, et tous ceux qui ont voulu se rendre populaires, les ont abolies, ou, du moins, en ont promis l'abolition.

« Ce n'est pas tout encore, ces impôts servaient de texte aux despotes de l'Europe, pour critiquer notre administration intérieure, nos institutions, et pousser leurs sujets à la haine et au mépris contre nous ; en même temps qu'ils profitaient de la désaffection de la France envers son gouvernement, pour augmenter leurs exigences.

« Plus tard, les pouvoirs municipaux.....

— Avant d'aller plus loin, permettez-moi de vous demander comment on a remplacé ces impôts; car enfin, il faut de l'argent..... Les villes, par exemple, ont besoin d'être éclairées, pavées, etc., l'administration la plus paternelle, la plus économe.....

— On a remplacé les octrois par un impôt personnel, qu'établit le conseil municipal en proportion de la fortune de chacun, de sa famille, des charges qui pèsent sur lui, etc., impôt facile à per-cevoir et parfaitement équitable.

— Mais comment arriver à l'appréciation de toutes ces circoustances? Comment établir toutes ces enquêtes sans blesser les susceptibilités, sans soulever des milliers de réclamations? »

Ici mon hôte sourit avec une sorte d'indulgence, puis il me dit, en me prenant affectueusement la main :

« On a répété tout cela dans la discussion de la la loi, et beaucoup d'autres objections encore; mais l'expérience était faite depuis longtemps en Suisse, en Allemagne, en Hollande, aux États-Unis, etc., car nous passons pour des novateurs, et nous sommes, sur beaucoup de choses, les hommes les plus routiniers du monde. Nous n'avons donc fait qu'imiter la plupart de nos voisins, et nous avons bientôt constaté que nous n'étions pas plus incapables de bien nous administrer.

« Un comité répartiteur est nommé par le conseil municipal pour chaque quartier. Il s'en forme un autre pour chaque profession, y compris les propriétaires, les rentiers, etc. Chaque comité, après avoir fait son travail, en charge un rapporteur; tous ces rapporteurs se réunissent et corrigent leurs appréciations les unes par les autres : ainsi, les renseignements arrivent de tous côtés : les réclamants aussi sont écoutés, et l'injustice ou l'erreur peuvent difficilement se glisser dans le résultat définitif.

« Comme cet impôt *proportionnel* représente assez exactement la position financière des individus, on réclame plus souvent pour être augmenté que pour être dégrevé, parce que l'on aime mieux donner un écu de plus par an et passer pour être un peu plus riche. Toutefois, ces réclamations ne sont pas plus admises que les autres, quand elles ne paraissent pas fondées, parce qu'on veut que la cote de chacun soit toujours, autant que possible, l'expression exacte de sa fortune.

« Vous voyez qu'il reste très-peu de chose à faire chaque année pour modifier le dernier recensement, et que les amours-propres, les susceptibilités, ne peuvent guère être en jeu que pour obtenir l'augmentation de leur part d'impôt.

« Il résulte aussi de ce mode de répartition que celui qui n'a rien ne paie rien.

— Et les impôts sur les boissons?

— Nous n'en avons eu que les deux tiers à remplacer, attendu que les frais de perception absorbaient un tiers du produit brut, et cela seul aurait dû suffire pour faire juger la question. Un impôt qui coûte 33 pour 100 de perception!!! Nous ne concevons pas aujourd'hui qu'une pareille pensée ait pu venir à l'esprit d'un homme de finances.

« Napoléon fut perdu par le traître ou l'insensé qui la lui inspira, pour ménager les grands propriétaires, par lesquels il voulait refaire une aristocratie. Les droits réunis lui ont fait plus de tort que son ambition, et, ce qui le prouve, c'est l'effet qu'a produit partout la promesse de leur abolition.

« Le nom des Bourbons était antipathique à la France; leur retour était accompagné des plus grandes calamités publiques, et cependant les droits réunis excitaient une telle horreur, une réprobation si générale, que la seule perspective d'en être délivré fit éclater une joie universelle. Qui sait ce qu'il serait arrivé si les Bourbons n'avaient pas insulté sans pudeur au bon sens public, par un indigne jésuitisme qui ne pouvait tromper personne, s'ils ne s'étaient contentés de baptiser les droits réunis du nom de *contributions indirectes*, sans y rien changer? Quoi qu'il en soit, aujourd'hui, nous enfermerions aux petites maisons celui qui proposerait un impôt dont la perception absorberait le tiers du produit; et nous ne comprenons pas la longanimité de nos pères, qu'on a dit si difficiles à gouverner...

« Il ne restait donc à remplacer que les deux tiers de cet impôt, c'est-à-dire, le produit net. Pour ne pas compromettre le trésor, on fit d'abord porter un tiers de cette somme sur la vigne, attendu que la valeur des vins augmentait, entre les mains des propriétaires, dans une bien plus grande proportion, par l'abolition du droit, et par la destruction des entraves qu'il mettait à la circulation, entraves plus funestes à la consommation que l'impôt lui-même. On compta, pour l'autre tiers, sur le droit de mutation auquel les coupons de rente furent assujettis, avec toute justice: car les rentes sont des propriétés mortes, c'est-à-dire, qui ne peuvent être exploitées au profit de la société, comme les terres, les usines, etc.

« Voyez, Monsieur, l'inconséquence de nos pères; ils désiraient l'extinction de la dette publique et la prospérité de l'agriculture, de l'industrie, etc.: cependant les propriétaires de rentes ne payaient rien à l'état pour un revenu certain, invariable, tandis que les autres étaient grevés, malgré les chances de toute espèce qu'ils avaient à subir, malgré l'importance de leur prospérité pour tout le pays.

« Le droit de mutation imposé sur toutes les propriétés ne pouvait être motivé que par le besoin d'argent: celui qu'on mit sur les rentes avait un autre but, un but moral qu'il atteignit, celui de diminuer les jeux de bourse, si ruineux pour le plus grand nombre et tout à fait improductifs pour le pays ; d'éteindre cette passion funeste et corruptrice du jeu le plus effréné, cette fièvre ardente qui a tué presque tous ceux qui en ont été dévorés.

« Le succès a dépassé nos espérances, car l'impôt sur les mutations de rentes a produit plus qu'on n'en attendait ; et d'un autre côté, d'immenses surfaces arides, qui n'auraient pu rien produire, ont été plantées en vignes, qui augmentent de jour en jour les revenus du pays.

« L'accroissement progressif des droits de succession, suivant la part de chaque héritier et son degré d'affinité avec le mort ; l'extinction de l'hérédité après le quatrième degré de parenté ; les contributions somptuaires sur les équipages, sur les chevaux de luxe, les chiens de chasse, les domestiques, les livrées, etc., ont permis d'abolir l'impôt sur le sel, si onéreux aux pauvres, si nuisible aux bestiaux, et, par conséquent, à l'agriculture. Le monopole du tabac est rentré dans la classe des autres industries, sans beaucoup de perte pour

5

le trésor, attendu les droits de patente, de douanes, etc., qui l'ont remplacé.

— Qu'est devenue l'armée d'employés dont
vous me parliez tout à l'heure ?

— On fut plus juste à son égard qu'on ne l'a-
vait été, pendant les jours de réaction politique,
envers la malheureuse armée de la Loire, qui avait
cependant les armes à la main, et dont le sang avait
coulé, pour le pays, sur tant de champs de bataille.
L'immense réseau de chemins de fer dont se cou-
vrait la France offrit une nouvelle carrière à ces
employés ; d'autres furent placés sur les canaux,
sur les grandes routes, etc.; et ces lèpres sociales,
qu'on a d'abord appelées *gabelles*, puis *droits réunis*, puis *contributions indirectes*, dans l'espoir de
tromper la haine publique, ces lèpres sociales furent guéries sans perturbation pour l'économie,
sans douleur individuelle.

« Maintenant, toutes les places vacantes sont
réservées pour les anciens militaires, comme une
récompense bien méritée de leurs longs services.
« Il y a dans toutes les administrations une foule de

places qui n'exigent qu'une intelligence ordinaire, et pour lesquelles l'habitude de l'ordre et de la discipline sont des qualités précieuses ; il y en a même beaucoup qui peuvent être remplies malgré la perte d'un bras, d'une jambe, et même de la vue, ou toute autre infirmité. En donnant ces places aux anciens défenseurs du pays, on fait plus que leur assurer une existence, on leur crée une occupation, et ils ont le droit d'en être fiers, puisque c'est une récompense nationale. De même aussi, les veuves et les orphelins de ceux qui ont succombé sous les drapeaux ont la préférence pour toutes les places auxquelles ils conviennent. Il n'y a là aucune augmentation de dépense, puisque ces emplois auraient été remplis par d'autres, et le trésor public peut être plus généreux envers ceux qui ne sont plus propres à rien. De cette manière, le pays peut compter sur l'armée, parce que l'armée compte sur le pays.

— Vous alliez me parler des pouvoirs municipaux quand je vous ai interrompu...

— Je voulais vous dire qu'on avait laissé la

liberté la plus absolue aux communes dans la gestion de leurs affaires purement locales, tant qu'elles n'ont aucun rapport avec celles du pays. Dans le principe, il est résulté de cet affranchissement quelques embarras momentanés, quelques abus de détail, comme il arrive toujours quand l'expérience manque : mais les fausses mesures elles-mêmes servirent de leçons pratiques. Les administrateurs ne se forment que par le maniement des affaires; les hommes les plus capables ont besoin d'en acquérir l'habitude, et les plus ignorants ont bientôt appris à choisir ceux qui comprennent le mieux leurs intérêts. Les discussions éclairent vite les masses, et le bon sens finit toujours par prévaloir. Plus on prend part à ce qui se fait d'utile dans un but commun, plus on s'y attache, plus on en désire le succès et la conservation. Cette part directe ou indirecte à l'administration locale doit donc être aussi générale que possible; et plus les décisions sont libres, plus on en sent l'importance. C'est cette activité commune, intelligente et passionnée, qui fait la vie intime des localités, qui inculque à chacun l'amour du sol natal et le dévouement à la patrie, dont on se sent portion intégrante : c'est cette vie intime de toutes les parties qui donne au corps social toute sa vigueur, toute sa résistance contre les causes extérieures de destruction.

« L'Espagne nous a offert un exemple remarquable de ce qu'on peut en attendre. Charles-Quint et Philippe II employèrent toute leur puissance à détruire les franchises municipales : après quarante ans d'une obstination insensée, quand Padilla fut tombé martyr de la plus juste cause, l'Espagne s'atrophia tous les jours de plus en plus, et les successeurs paisibles de ces deux bourreaux des libertés communales, ne trouvèrent plus qu'une nation languissante et sans énergie, incapable du moindre effort. Quand ce corps épuisé se ranima pour défendre son indépendance, ce fut au souvenir de ses anciens *fueros*. Ici, ce sont bien les efforts indépendants de chaque commune qui ont sauvé le pays ; car le pouvoir royal était absent, fort heureusement pour l'Espagne, et celui qui le remplaçait ne pouvait être compacte ni centralisé nulle part.

« Pourquoi la Grèce tout entière a-t-elle été couverte d'une si prodigieuse quantité de monuments de toute espèce, d'œuvres d'art admirables, jusque dans les plus petits dèmes ? Pourquoi cette surface exiguë a-t-elle produit encore plus de grands hommes dans tous les genres ? Pourquoi ses enfants ont-ils porté jusqu'au délire l'enthousiasme et l'orgueil national ? C'est que la moindre bourgade faisait elle-même ses affaires.

— Mais aussi cette indépendance absolue des intérêts locaux a fait naître l'esprit d'isolement et de rivalité que vous déploriez tout à l'heure, et qui s'est opposé à l'unité de la Grèce.

— C'est une grave erreur, ou si vous aimez mieux, c'est une illusion complète ; car les municipes romains jouissaient de la même liberté dans l'administration des affaires purement locales, et jamais, sous la république ou sous l'empire, le pouvoir n'a cessé d'être compacte ; aucun peuple n'a poussé plus loin l'esprit d'unité, de centralisation.

« Cette liberté locale est tellement compatible avec un immense pouvoir central, qu'elle s'accommode du despotisme le plus absolu. Dans toute l'Allemagne par exemple, les moindres villages ont toujours joui sous ce rapport d'autant de latitude qu'en Suisse. Certes, l'exemple de l'Autriche ne peut pas être suspect; et c'est précisément cette liberté laissée par elle aux administrations locales, c'est la douceur de leur intervention paternelle qui a rendu si longtemps son despotisme supportable. C'est aussi l'intervention de cette autorité intermédiaire qui a fait supporter aux vaincus le joug des Romains, comme je vous le disais tout à l'heure.

« Vous voyez donc que la centralisation la plus absolue est très-compatible avec la plus indépendante administration des intérêts locaux, et qu'elle en retire même un surcroît de puissance que rien ne pourrait lui donner. Aucune autorité ne peut faire supporter des charges aussi lourdes que celles qu'on s'impose soi-même. Un préfet de Napoléon faisait observer aux autorités de Coblentz que la ville payait beaucoup moins d'impôts qu'autrefois: « Rien n'est plus certain, répondit un des magistrats; mais autrefois nous donnions ce qu'on nous prend aujourd'hui. » Ne perdez pas de vue cette observation si simple et pourtant si profonde.

« En résumé, les libertés locales sont la vie intime, la force, la santé du corps social. Il lui faut sans doute de l'unité, de l'harmonie, comme au corps humain; mais, pour qu'il jouisse de toute la puissance qu'il peut développer, il faut que chaque organe puisse fonctionner librement, qu'une circulation capillaire indépendante nourrisse et vivifie tous les tissus. »

Je ne pus m'empêcher, à cette occasion, de faire observer à mon hôte qu'il puisait bien souvent ses comparaisons dans la médecine.

« C'est sans doute, reprit-il gaiement, l'influence de mon grand-père. Vous savez que Socrate, fils d'une accoucheuse, revenait toujours...

— Oui, oui, je m'en souviens parfaitement...

— Ah! c'est fort heureux, cela ne vous arrive

pas souvent. Il est vrai que Socrate n'est pas d'hier. »

Je sentis le trait, et je promis d'attendre avec patience la conclusion ; mais hélas ! elle était encore bien loin. Je ne connaissais guère l'homme auquel j'avais affaire : il était en verve, il suivait sa pensée ; le meilleur parti que je pouvais prendre était de le laisser aller à sa fantaisie. Il avait d'ailleurs montré plus de suite dans ses explications que je ne l'avais cru d'abord, et je n'avais pas le droit d'être exigeant.

« D'un autre côté, poursuivit-il, la vieille machine universitaire s'était écroulée, dans sa profonde ornière, sous le poids des abus et de la routine qui s'opposaient à sa marche.

« On sentit enfin toute l'importance et la sainteté de la mission dont sont chargés ceux qui doivent développer et diriger les germes délicats des sociétés futures. On comprit que l'enseignement ne pouvait être un monopole ; que l'état doit à tous les moyens de manifester, de développer, d'utiliser les facultés physiques, intellectuelles et morales dont la société peut profiter.

« Toutes les aptitudes furent donc explorées désormais dans les salles d'asile, et protégées ensuite dans les écoles primaires, secondaires, les colléges, etc.; les bourses, les demi-bourses, assurées autrefois à l'incapacité par l'intrigue et le népotisme, furent données aux plus capables. Ces munificences étaient des moyens de séduction, de corruption, pour les parents dont on voulait acheter le vote ; elles rendaient les enfants malheureux en faussant leurs aptitudes, leurs instincts naturels ; elles produisaient des nullités désespérantes ou tout au plus d'honnêtes médiocrités, trop vaniteuses pour apprendre un métier, et qu'il fallait ensuite pourvoir, ou laisser croupir dans la misère !

— J'ai vu tout cela, Monsieur, bien souvent, et avec la plus grande peine ; j'ai vu le fils du prolétaire obligé de refouler ses plus nobles instincts, ses pensées les plus relevées, pour faire agir ses bras du matin au soir, tandis que d'autres enfants,

nés avec de la force et de l'adresse, mais sans intelligence, étaient torturés tous les jours, à chaque
instant, pour charger leur mémoire de choses
qu'ils ne comprenaient pas, qu'ils prenaient par conséquent en horreur; et, lorsqu'on avait détruit leur
santé, quand on les avait abrutis en faisant leur
malheur, on était obligé de leur procurer un misérable emploi subalterne dans quelque administration secondaire; car les parents se seraient crus
déshonorés si leurs enfants eussent été d'honnêtes
cultivateurs ou d'habiles ouvriers. Que faisaient
ensuite ces employés? Ils dérobaient à leur administration autant de temps qu'ils pouvaient pour
s'occuper de jardinage, de menuiserie, de tour, de
serrurerie, de chasse, de pêche, etc. ; enfin, pour
revenir à leurs inclinations, à leurs aptitudes naturelles, aux occupations qui faisaient leurs délices,
et qui auraient pu être mises à profit pour la société. J'ai vu bien des parents se plaindre des chagrins que leur causait un enfant dont il était impossible de tirer parti; et je me suis toujours convaincu qu'ils faisaient le désespoir de cet enfant,

parce qu'ils n'avaient pas voulu lui laisser suivre ses impulsions, en se contentant de leur donner une bonne direction.

— Où donc avez-vous vu tout cela, Monsieur? sans doute dans les brochures de cette époque? elles ont été nombreuses, virulentes, ainsi que les caricatures; mais il le fallait. Vous avez bien là mémoire la plus fantasque!... Vous parlez de ce qu'ont vu nos pères avec la plus grande précision, et vous vous étonnez des choses les plus récentes et les mieux connues.

— Vous oubliez mes longs voyages...

— Dans le temps dont vous parlez, l'Université était conduite par une bureaucratie paperassière, semblable à celle qui dévorait les autres administrations; car les ministres, occupés à défendre leur portefeuille, n'avaient pas le temps de s'occuper des affaires du pays. L'instruction publique était donc livrée à des commis insolents, qui traitaient du haut de leur grandeur les hommes utiles chargés des pénibles et délicates fonctions de l'enseignement. Elles ne sont peut-être pas mieux rétribuées aujourd'hui ; mais on les honore davantage et elles sont devenues un véritable sacerdoce.

« L'éducation des femmes n'a pas subi moins d'améliorations. Maintenant elles sont presque partout chargées des diverses branches d'enseignement qui concernent les jeunes personnes, et les enfants des deux sexes. L'expérience a démontré qu'elles méritent la préférence partout où la patience, la douceur et l'affection doivent être des qualités dominantes.

« Il en est beaucoup qui ont reçu le grade de docteur en médecine, et qui se livrent spécialement à la pratique des maladies propres à leur sexe ; ce qui est très-convenable sous tous les rapports. Quelques-unes exercent les fonctions d'avocat avec un talent distingué, surtout pour les affaires délicates, embrouillées, qui exigent du tact et de la finesse.

« Depuis quelques années, le congrès a reconnu aux veuves le droit de voter aux élections et de siéger dans les jurys. Tous les jours les femmes exercent plus d'influence dans la famille et dans la société, par la bonne direction qu'elles impriment à l'enfance, et qu'elles étendent ensuite à mesure que l'âge leur donne plus d'expérience et de maturité.

« Aussi les générations qui se succèdent diffèrent-elles de plus en plus de celles qui les ont précédées; car c'est l'éducation qui fait les citoyens, et l'éducation est le résultat de tout ce qui nous entoure.

« Aujourd'hui que tous les enfants sont poussés et soutenus dans toutes les carrières, suivant leurs aptitudes, toutes les fonctions sont confiées aux plus capables, après des examens publics, par des hommes spéciaux. Les emplois ne peuvent donc être ambitionnés par ceux qui ne sauraient prouver qu'ils sont propres à les remplir; les plus hauts fonctionnaires ne sont pas plus enviés du public que ne l'est le médecin ou l'avocat dont la clientèle est la plus brillante.

« Il ne peut y avoir de jalousies qu'entre un petit nombre de concurrents d'un mérite à peu près égal; et, dans l'incertitude, c'est la moralité qui

fait pencher la balance. Le plus ambitieux recule-
rait devant ces épreuves s'il n'était pas capable de
les soutenir, et ses insuccès l'auraient bientôt rendu
modeste : ce serait même un supplice réel à lui
infliger que de le forcer à se présenter encore
pour recevoir de nouvelles humiliations. D'ailleurs,
tous les actes d'un fonctionnaire sont exposés à la
censure publique et soumis à une responsabilité
véritable.

« Les plus hautes dignités, supposant le plus de
capacité et de dévouement, ne peuvent donc inspirer qu'un sentiment de respect et de reconnaissance, pour celui qui se charge des intérêts du
pays, aux dépens de son repos, et souvent de sa
santé.

« On aime à faire ce qu'on fait bien, parce qu'on
donne satisfaction à ses facultés dominantes, et l'on
attache toujours de l'importance à ce qu'on fait
mieux que les autres, parce qu'on conserve par là
une certaine supériorité, qu'on perdrait en s'occupant d'autre chose.

« Le travail n'est une peine que lorsqu'il contrarie des dispositions prononcées; il fait au contraire le charme, le bonheur de la vie, quand il donne carrière à nos goûts, surtout s'ils sont assez vifs pour devenir des passions. Une occupation ne paraît humiliante qu'à celui qui se sent ou qui se croit capable de faire quelque chose de plus utile, de plus important ; ce qui ne peut avoir lieu, dès que chacun suit ses inclinations, et doit justifier publiquement ses prétentions.

« Si les travaux de cabinet conduisent aux découvertes les plus profondes, aux spéculations les plus sublimes, aux fonctions les plus importantes, les plus élevées de la société, les exercices du corps sont plus favorables à la santé. Le savant et l'homme d'état peuvent donc envier la robuste constitution du cultivateur, de l'ouvrier, du manœuvre, etc., comme ceux-ci peuvent désirer la capacité des premiers; mais aucun ne voudrait certainement accepter la place de l'autre.

« Il est clair que les fonctions publiques sont honorées et rétribuées suivant leur importance et le degré d'activité, d'intelligence, et de moralité qu'elles exigent ; car les hommes éminents sous tous ces rapports sont les plus rares : ce sont eux qui doivent être chargés des affaires du pays si l'on veut qu'elles soient bien faites ; et pour qu'ils s'en chargent, il faut qu'ils y trouvent une compensation à la prospérité que leur procurerait certainement la gestion de leurs propres affaires, s'ils y employaient la supériorité intellectuelle dont ils sont doués.

« Quant à l'homme privé, le degré d'estime et d'affection que l'opinion lui accorde dépend surtout de ses actes et de sa moralité, parce que les talents de chacun n'intéressent guère que lui, tandis que ses dispositions morales intéressent tout le monde : ainsi, un artiste habile peut avoir de brillants succès, il peut faire fortune, mais il est méprisé s'il est jaloux, cupide, impitoyable, si…

— C'est ce que j'ai vu pour Paganini : tout le monde courait à ses concerts, mais…

— Il y a donc eu plusieurs générations de musiciens qui se sont transmis les mêmes talents et les mêmes vices ; car celui dont j'ai entendu parler

5.

à mon grand-père, de la même manière, èst mort depuis un siècle... »

Je vis bien que j'avais encore brouillé les époques dans ma pauvre tête ; et, pour sortir d'embarras, je me hâtai de faire observer à mon hôte que nous avions complétement changé de sujet sans nous en apercevoir.

« Pas du tout ! reprit-il avec l'aplomb d'un homme qui n'a pas perdu le fil de ses pensées ; pas le moins du monde ! Vous vous êtes étonné de ce que les provinces rhénanes aient pu désirer de se réunir de nouveau à la France ; et je vous expliquais comment avaient disparu les causes de répulsion qui agirent si puissamment et pendant si longtemps sur les imaginations prévenues de ces hommes calmes, honnêtes et simples, habitués à une administration paternelle. Ils avaient été froissés sous l'Empire par les octrois, par les droits réunis et par le monopole du tabac, etc. ; ils s'étaient sentis humiliés, étouffés par nos étroites et despotiques institutions universitaires ; ils avaient douloureusement éprouvé les entraves d'une centralisation excessive, qui leur ôtait toute spontanéité, toute vie intérieure, et les gênait dans leurs moindres mouvements.

« Après la restauration, ils avaient recouvré tous ces biens de détail, qui font le bonheur de chaque individu, de chaque localité ; et ils savaient que notre gouvernement représentatif était complétement faussé, que la bureaucratie, le népotisme et la corruption nous dévoraient ; ils cessèrent de nous craindre, mais ils nous méprisèrent.

« En juillet 1830, ils applaudirent à la victoire du peuple : mais, au lieu d'une révolution sociale qu'ils croyaient voir sortir des barricades, ils n'aperçurent qu'un changement de dynastie, un nouvel accroissement de notre démoralisation, des vices de nos administrations compliquées, de nos impôts, de la misère publique ; et par-dessus tout, ils furent épouvantés par les émeutes, dues à l'oubli complet des besoins les plus pressants du peuple qui venait de se montrer si grand, si généreux. Comment n'auraient-ils pas détourné la tête avec dégoût ?

« Ces dispositions fâcheuses et profondément enracinées ne se seraient jamais dissipées tant qu'elles auraient été entretenues par les mêmes abus, par les mêmes scandales. Celui qui ne voit dans les plus grands événements que leurs causes immédiates les plus apparentes, ne les comprend pas complétement ; car ils ont toujours été préparés par une foule d'influences plus intimes, plus profondes et presque toujours inaperçues, sans lesquelles cependant les circonstances accidentelles n'auraient pas amené les mêmes résultats.

« Ces détails un peu minutieux vous permettront de comprendre ce qui s'est passé à la suite des longues agitations dont l'Allemagne devint le théâtre. Je vous ai déjà parlé des affaires relatives au Hanôvre et aux gouvernements constitutionnels de la rive droite du Rhin ; mais ce n'était là que le commencement d'une révolution bien autrement importante. La fermentation, partie de ces petits états ou développée à leur occasion, s'étendit peu à peu aux populations voisines et bientôt au reste de l'Allemagne. Tous les penseurs s'effrayèrent avec raison des dangers que faisaient courir à la liberté naissante, les efforts de la diète germanique pour étouffer ces simulacres de gouvernement représentatif, dont les seules apparences donnaient de l'ombrage aux despotes d'outre Rhin. Les esprits s'échauffèrent par la discussion et surtout par la persécution; les idées se formulèrent, et toutes aboutirent à la conception vaste et profonde d'une *unité germanique* déjà rêvée par des hommes de génie, vaguement pressentie par les masses et préparée par l'union douanière. Cette conception féconde, qui résumait parfaitement les besoins du pays, devint bientôt populaire; mais elle resta longtemps sous forme d'abstraction; car nos voisins pensent très-longtemps avant d'agir, et souvent ils n'agiraient pas du tout s'ils n'y étaient forcés.

« L'Autriche, toujours arriérée, s'unit à la Russie et à l'Angleterre pour dominer la diète germanique, et comprimer les populations du nord et de l'ouest, chez lesquelles les idées de liberté, de système représentatif, avaient germé depuis longtemps. La Russie était poussée, dans cette circonstance, par

la même haine que l'Autriche contre tout progrès
social, par la crainte d'un immense accroissement
de pouvoir pour l'Allemagne ; enfin, par le désir de
trouver encore une occasion d'agrandissement du
côté de la Turquie. Quant à l'Angleterre, elle ne
voyait, dans cette alliance avec la barbarie et le
despotisme, que le Hanovre à défendre et le besoin
d'ouvrir à coups de canon un débouché à ses marchandises.

« D'un autre côté, la Prusse poursuivait les conséquences de l'union commerciale dont elle avait
eu l'heureuse idée, et se trouvait naturellement à
la tête des états constitutionnels qu'elle venait d'i-
miter. Dans cette lutte tantôt sourde, tantôt dé-
clarée, entre l'avenir et le passé, représentés par
des bannières, par des noms d'homme et de pays,
on vit bientôt se manifester les tristes effets des
guerres civiles ; car c'en était une véritable pour
l'Allemagne.

« Des provinces voisines, égarées par leurs gouvernements, par des rivalités d'intérêt ou de vanité,
s'aigrirent les unes contre les autres, et perdirent

de vue le but commun pour lequel elles auraient dû réserver toutes leurs passions, tous leurs efforts. Au milieu de ces impulsions opposées, les populations incertaines, irritées contre leurs frères, cherchaient vainement une route pour sortir de ce désordre : rien n'annonçait la solution prochaine de cette immense crise, prolongée par l'Autriche et ses alliés. Dans ce moment suprême, décisif pour les destinées de l'Europe, la France régénérée reprit son rôle d'abnégation, de dévouement aux progrès de l'humanité. Elle avait à redouter, comme la Russie et l'Angleterre, la réunion de toutes les populations germaniques en une seule nation, dont la puissance serait décuplée par une unité compacte, favorisée encore par la communauté des intérêts et du langage. Cependant, les patriotes français sympathisèrent avec ceux d'Allemagne parce que leur but était légitime et puisé dans la nature même des choses ; ils les secondèrent loyalement de toute leur puissance. Plus avancés que leurs voisins dans la pratique, plus clairs dans leurs formules, plus prompts dans leurs décisions, ils leur servirent de guides avec ardeur ; ils entraînèrent la France dans cette voie généreuse et firent enfin cesser les hésitations du pouvoir.

« Dès lors, les événements marchèrent avec une étonnante rapidité. »

— Je ne vois pas quel put être le mobile des patriotes français, pour aider avec tant de zèle à la réunion de plus de 60 millions d'habitants en un seul peuple, dont la puissance devait prendre un développement effrayant pour la France.

— Ils étaient mus par le sentiment de la justice, par une appréciation exacte des besoins de l'Allemagne et des lois constantes de l'humanité, lois d'après lesquelles les populations tendent sans cesse à former des agrégations de plus en plus nombreuses, de plus en plus compactes, afin d'avoir des rapports plus libres, des communications plus utiles ; afin d'acquérir surtout une assiette plus stable.

« Les patriotes français avaient adopté ces principes comme bases de leur droit politique, et ils y conformèrent leur conduite comme à un article de foi, sans se laisser arrêter par les craintes des politiques égoïstes, qui se font des règles de conduite pour chaque circonstance éventuelle. Voilà pourquoi ils aidèrent leurs frères d'Allemagne sans aucune arrière-pensée.

« L'Autriche était le plus grand obstacle à ce mouvement progressif, à cette tendance vers l'unité germanique, parce qu'elle avait tout à y perdre, étant dépourvue de toute influence, de toute initiative, par suite de son obstination à suivre les traditions politiques de Metternich pour la conservation du *statu quo*. Dans son égarement insensé, elle servait aveuglément les projets de l'Angleterre, et surtout de la Russie dont elle avait tout à redouter. C'était donc de l'Autriche qu'il fallait d'abord entraver l'action funeste, et surtout directe, immédiate, sur le reste de l'Allemagne.

« Pour lui donner de l'occupation, nous lui jetâmes sur les bras l'Italie, aidée de soixante mille hommes d'élite. Le Tyrol, la Hongrie, la Bohême, profitèrent aussi de ces embarras pour secouer un joug insupportable.

« Tous ces peuples, dont l'Autriche n'avait jamais

consulté les intérêts, les mœurs, la nationalité ; tous ces peuples, parlant autant de langues différentes, n'avaient aucun lien commun : toujours traités en vaincus, brutalement gouvernés par des étrangers, ils n'avaient jamais éprouvé pour eux que de la répulsion : attachés par la force à un corps hétérogène, ils ne s'y étaient pas unis, fondus, et n'attendaient, au contraire, qu'une occasion pour s'en séparer à jamais. Les haines, les antipathies, éclatèrent donc dès qu'elles en trouvèrent l'occasion.

« La Russie, sur laquelle l'Autriche avait compté, n'était occupée que de l'accomplissement de ses anciens projets sur la Turquie. Au milieu de ces embarras, auxquels se joignaient ceux de l'Allemagne, le principe de l'isolement adopté depuis si longtemps par l'Autriche porta ses fruits ordinaires.

« Quant à nous, après avoir délivré le Piémont, Venise, etc. ; après avoir traversé le Tyrol et menacé Vienne, à l'aide des contingents italiens, nous stipulâmes l'indépendance complète, absolue, de toute l'Italie, et nous l'aidâmes ensuite à se constituer en un seul corps de nation ; ce qui fut plus difficile, attendu le morcellement des provinces et l'ancienneté de leurs préventions les unes contre les autres.

« Cependant tous les hommes éclairés de chaque localité avaient, depuis longtemps, dépouillé ces malheureux préjugés, et travaillaient à réaliser une fusion intime et générale des différents états de l'Italie. Cette pensée, conçue par quelques intelligences élevées et généreuses, se développa vite dans ces têtes ardentes, dès qu'elle put se manifester sans entraves, et nous aidâmes puissamment à la mettre en pratique. Alors s'accomplit ce que nos pères avaient tenté sans succès.

«Plus tard, la nation italienne adopta nos couleurs en changeant seulement leur position : ainsi son drapeau tricolore a le rouge à la hampe et le bleu en dehors ; par la même raison, dans sa cocarde, c'est le rouge qui se trouve au centre.

«Le territoire italien comprend, bien entendu, la Sicile ; il est borné au nord, comme vous le voyez, par le Tyrol et s'étend transversalement de Nizza aux bouches du Cattaro. Chacun des états a conservé son nom et la libre administration de ses affaires particulières. Les intérêts généraux de l'Italie sont traités à Rome, à cause de sa position centrale, par le congrès italien.

— Je ne distingue pas nettement sur cette carte les limites de la France et de l'Italie.

—C'est probablement à cause des teintes foncées qu'il faut employer pour indiquer les chaînes des hautes montagnes ; mais suivez la crête des Alpes, là où se partagent les cours d'eau pour descendre dans les deux pays..... Au reste , ces démarcations naturelles, par les points culminants des Alpes, s'accordent parfaitement avec les limites des deux langues.

—Cette fois, vous avez bien complétement perdu de vue les provinces rhénanes.

— Vous vous trompez encore ; leur adhésion n'eut lieu que plus tard , et j'allais vous en parler.

« L'organisation de la nation germanique fut précédée de longues et terribles luttes. De pareilles transformations ne s'opèrent pas sans de grandes résistances, sans beaucoup d'angoisses et de malheurs particuliers; les habitants de la rive gauche du Rhin en furent souvent froissés; ainsi, c'est par là que pénétrèrent encore les armées russes et autrichiennes qui tentèrent d'intimider la France, après avoir ravagé l'Allemagne. Ces malheureux habitants de la rive gauche du Rhin désirèrent donc se soustraire pour toujours à ces calamités; ils sentirent le besoin d'ouvrir des débouchés à leur industrie souffrante; et ceux de la rive droite pouvaient se passer de ces provinces pour constituer une nation de plus de soixante millions d'habitants, dans des limites naturelles parfaitement circonscrites. Ils n'avaient pas d'autre pensée, de plus pressant désir. Ils devaient d'ailleurs consacrer par leur exemple le principe qu'ils invoquaient pour se constituer, le respect à la volonté libre des peuples. »

Depuis que j'avais sous les yeux l'immense carte de mon hôte, je n'avais pas encore pu y découvrir le nom du Portugal, ni l'indication de ses frontières; et je lui en témoignai ma surprise.

— « C'est tout simple, me dit-il, le Portugal s'est réuni à l'Espagne depuis longtemps, et forme aujourd'hui sept provinces de la péninsule Ibérienne.

« Le Portugal s'était jadis séparé de l'Espagne pour échapper au despotisme orgueilleux de Madrid; mais d'autres causes ont fait renaître de vives sympathies entre deux peuples de frères qui avaient longtemps partagé les mêmes destinées. Ce retour fut tardif, parce qu'il fallut beaucoup de temps aux Portugais pour ouvrir les yeux sur la véritable cause de leur misère, parce que la régénération de l'Espagne fut très-lente. Il fallait d'ailleurs une occasion favorable pour que ces sympathies pussent avoir leur effet..... Mais tout cela aurait besoin, pour être bien compris, de longs développements.....

— Parlez, parlez, je suis tout oreilles.....

— Pour un instant, sans doute..... Songez que, si vous m'interrompez toujours, nous n'en finirons jamais. »

Je ne répondis à cette observation qu'en mettant l'indicateur gauche sur ma bouche, et en levant solennellement le bras droit en signe de serment. Mais j'étais bien bon de lui donner tant de garanties, il ne demandait évidemment qu'à parler.

« Beaucoup de causes, ajouta-t-il, ont retardé la régénération de l'Espagne. La plus ancienne et la plus puissante de toutes fut l'influence délétère et prolongée de l'inquisition.

« Quand la révolution française éclata, il n'y avait, en Espagne, qu'un très-petit nombre d'hommes en état de comprendre les luttes terribles qui s'établissent entre ceux qui veulent détruire des abus devenus intolérables, et ceux qui en vivent, qui regardent leur longue possession comme un titre légitime. Quiconque voulait alors suivre les progrès des lumières, devait risquer sa liberté pour une brochure, pour un journal. Ces martyrs étaient trop peu nombreux, pour avoir quelque influence sur une population abrutie et fanatisée.

« Cependant, sous le Consulat, une réaction se préparait à Madrid, contre un roi imbécile, avili

comme Claude par une autre Messaline. Mais, à
cette époque, le premier consul se fit empereur,
et les plus éclairés, les plus intrépides propagateurs
des idées démocratiques en Espagne, furent at-
térés : ils venaient de perdre toute influence sur
leurs compatriotes, qui leur montraient les Français sous le plus impérieux des despotismes, après
tant d'efforts héroïques, tant et de si grands sacrifices pour le triomphe de la liberté.

« Cependant, les Espagnols connaissaient les turpi-
tudes de leur cour dépravée ; ils méprisaient sou-
verainement leur faible et stupide roi, surtout leur
impudique reine ; ils haïssaient le favori Godoï à
cause de son insolente et vaniteuse incapacité, à
cause de son élévation scandaleuse. L'héritier pré-
somptif du trône, ambitieux sans grandeur et déjà
flétri par la débauche, avait eu la coupable lâcheté de se révolter contre le plus faible des pères.
Il n'y avait donc, dans cette impure sentine, personne qui pût inspirer à l'Espagne la moindre confiance, le plus léger intérêt. Napoléon le savait ; il
lui suffisait de laisser ces êtres dégradés et incapa-

bles se perdre les uns par les autres, pour qu'ils fussent méprisés et abandonnés ; pour que tout le monde désirât sortir à tout prix d'une si déplorable position. Déjà le vieux roi réclamait l'appui du puissant empereur contre un fils dénaturé.

Malheureusement Napoléon impatient, intervint avant que la nation eût eu le temps d'en sentir la nécessité ; il employa le mensonge pour introduire des troupes dans le pays ; il usa de ruse et de violence pour en arracher le fils coupable, avant qu'il fût bien connu ; il prouva surtout aux moins clairvoyants qu'il agissait dans un intérêt purement personnel, en se hâtant d'introniser son frère : faute d'autant plus grave que les maux actuels de l'Espagne avaient évidemment pour cause première l'ambition dynastique de Louis XIV. Ces procédés iniques, égoïstes et brutaux, révoltèrent l'orgueil d'un peuple fier, loyal et généreux ; ils annulèrent l'influence des hommes les plus éclairés, de ceux qui désiraient le plus vivement la destruction de l'ignorance et de tous les maux, de tous les abus qu'elle traîne à sa suite.

«La moitié des revenus de l'Espagne était dévorée par un clergé tout puissant, égoïste et corrompu, qui possédait un tiers de la surface du sol et prélevait la dîme sur le reste. Tous les penseurs savaient que le pays ne pourrait reprendre de la vie tant qu'il serait dévoré par une caste improductive, dont les intérêts étaient opposés à ceux de la société. Mais le sentiment de l'indépendance nationale l'emporta chez la plupart sur la haine des abus; ils aidèrent les moines à soulever la nation, à lui mettre les armes à la main.

« Le clergé sentait parfaitement qu'un roi philosophe serait toujours le plus grand ennemi de sa puissance; qu'un enfant de la révolution française tendrait sans cesse à transplanter ses principes en Espagne: le clergé employa donc toute son influence à remuer toutes les passions populaires, à les électriser, à les tourner contre les Français; et cette influence était immense, non-seulement à cause de l'ignorance et du fanatisme des masses, mais encore parce que la portion la plus malheureuse du peuple recevait du clergé des secours, des salaires, une protection, des aumônes, etc.

« A cette époque, c'était de ce côté que se trouvait la véritable puissance; les patriotes ne pouvaient se passer d'un pareil secours, et c'est en cela que se trompèrent d'autres hommes éclairés dont les intentions étaient aussi pures, quoique leur conduite fût tout à fait opposée. Ils avaient une telle horreur de la lèpre qui dévorait leur malheureux pays, qu'ils en désiraient l'extinction à tout prix. C'était à leurs yeux le plus grand mal, celui dont il était le plus urgent de se délivrer. Ils n'espéraient pas y parvenir sans le secours des Français, et les opinions anti-monacales de ceux-ci n'étaient pas douteuses. Ils acceptèrent donc la coopération des Français, comme moyen de régénération intellectuelle et morale. Ils furent appelés à cause de cela *Josephinos* ou *Afrancesados*, par ceux qui avaient préféré se joindre au clergé pour sauver d'abord l'indépendance nationale, n'espérant pas y parvenir sans l'aide du fanatisme, sauf à reprendre ensuite contre lui l'œuvre interrompue.

« L'expérience a montré depuis qu'il y avait du

vrai dans les deux opinions, comme il y avait des hommes honorables et distingués dans les deux partis opposés, dont les intentions étaient au fond les mêmes.

« L'Angleterre intervint, parce qu'elle y voyait *son bien d'abord, et puis le mal d'autrui.* Elle avait, en effet, à conserver le Portugal, devenu sa proie, à s'ouvrir un débouché en Espagne, en même temps qu'elle continuait sa lutte acharnée contre le principe démocratique de notre révolution. Le clergé, qui ne combattait pas pour sa foi, mais pour ses biens, pour ses dîmes et toutes ses prérogatives, le clergé prêcha pour ses hérétiques alliés avec enthousiasme.

« Après la victoire, il oublia les services rendus par les patriotes, parce que le danger commun était passé ; il indisposa bientôt contre eux le roi rétabli par eux sur son trône, parce que, le calme étant revenu, la lutte devait recommencer entre les ennemis des abus et ceux qui en jouissaient. Ferdinand, connaissant la puissance du clergé, ingrat et lâche jusqu'au bout, persécuta les patriotes et justifia, par ses perfidies , les prévisions des *Josephinos*.

« Le déspotisme clérical redevint de plus en plus intolérable, surtout pour l'armée, dont on méconnaissait les services. Les moines les plus abjects, les plus ignorants, avaient plus d'importance et de popularité que des officiers instruits et même haut placés.

« De là vint la révolution militaire de l'île de Léon, qui parut à nos pères une anomalie, et qui, pourtant, était la seule possible.

« En Espagne, à cette époque, la bourgeoisie n'était pas, comme en France, assez avancée pour entreprendre et même pour concevoir une révolution ; les nobles, les grands propriétaires, les riches négociants désiraient bien la destruction d'un pouvoir qui les humiliait, d'une richesse scandaleuse, improductive, qui atrophiait l'agriculture, l'industrie et le commerce ; mais ils ne pouvaient rien sans le peuple, et le peuple était ignorant et fanatique.

« L'armée souffrait davantage, et sous tous les rapports, car elle était à la fois humiliée et mal payée. Cependant elle s'était recrutée, pendant la guerre de l'indépendance, des hommes les plus capables et les plus énergiques ; elle avait rendu d'immenses services que le peuple n'avait pas oubliés comme le roi ; elle était unanime, ardente, et sous les armes ; elle n'avait besoin d'aucun secours étranger pour agir. Voilà comment la révolution de l'île de Léon fut opérée par l'armée et acceptée par la noblesse, la grande propriété, le commerce et la finance, sans que le peuple y prît part, à la grande stupéfaction de nos aïeux.

« Aussitôt le même mouvement militaire s'étendit avec une rapidité électrique au Portugal et à l'Italie, parce que les mêmes éléments étaient en présence, parce que partout, dans les états du pape plus qu'ailleurs, se faisaient gravement sentir les abus de la puissance ecclésiastique, et que l'armée seule était assez puissante pour les renverser.

« Le contre-coup retentit jusqu'en Grèce, où d'autres causes avaient préparé de longue main l'insurrection par la voie d'une autre puissance armée, celle des Klephtes et des Palicares.

« Dans ce moment solennel et décisif pour l'Europe entière, si Louis XVIII eût compris sa position et celle de la France, s'il eût favorisé cet élan démocratique, en faisant respecter la volonté des peuples, en se mettant à la tête des gouvernements représentatifs, dont il était le centre et le simulacre vivant, il eût fait oublier ses deux intronisations dues aux baïonnettes étrangères, et les calamités des deux invasions; il fût devenu le plus populaire, le plus puissant des souverains de l'Europe; il eût hâté d'un siècle des événements inévitables... mais il représentait l'alliance impie des rois et non la volonté nationale !

« D'un autre côté, le parti libéral français s'est complétement trompé dans ses prévisions sur l'issue de l'intervention française en Espagne, parce qu'il était sous l'influence des souvenirs de la première invasion, tandis que les circonstances avaient complétement changé.

« Sous Napoléon, les moines et les prêtres avaient armé contre nous le fanatisme populaire, parce que nous menacions leur prépondérance :

en 1823, nous venions, au contraire, détruire une révolution qui les exposait aux mêmes conséquences ; ils devaient alors devenir nos alliés, puisque nous combattions dans leur intérêt, comme ils avaient été les amis des Anglais : nous ne pouvions plus être pour eux des athées, des impies, puisque les Anglais pour eux n'avaient pas été des hérétiques. Le peuple, endoctriné cette fois dans un sens opposé, ne fut donc plus avec les armées nationales, et, bien souvent, il se tourna complétement contre elles. Aussi nos succès furent-ils plus étonnants encore que ne l'avaient été nos revers.

« Cependant, notre intervention n'en fut pas moins fatale au fanatisme, car le progrès s'opère par les voies les plus inattendues : notre armée était composée d'incrédules qui partageaient hautement les opinions des troupes qu'ils étaient forcés de combattre ; leur propagande active produisit d'autant plus d'effet sur l'esprit du peuple que ses meneurs ne cessaient de lui recommander la confiance et l'affection envers ses nouveaux hôtes : les églises, les couvents furent pollués, transformés en écuries, en casernes, en magasins, sans scandaliser les directeurs des consciences.

« Tant de contradictions ébranlèrent les croyances les plus robustes ; ces faits éclairèrent ceux qui ne savaient pas ou qui ne voulaient pas lire, et la foi s'éteignit peu à peu.

« Aussi l'armée espagnole trouva-t-elle, en 1830, les esprits bien autrement disposés.

« Depuis cette époque, son influence ne cessa de l'emporter de plus en plus sur celle de l'église ; elle augmenta surtout par les guerres que la reine Christine eut à soutenir contre don Carlos, par les insurrections qui éclatèrent successivement dans toutes les provinces, au nom des anciennes franchises. Enfin le sabre put couper l'encensoir et le hausse-col éclipser partout le rabat. Les cortès purent abolir les dîmes pour remplir le trésor et laisser vivre le peuple ; elles purent vendre les biens immenses des couvents et du clergé pour hypothéquer des emprunts. Ces nécessités absolues, inflexibles, avaient été prévues depuis longtemps par tous les hommes éclairés ; il fallut un demi-siècle pour que le fait s'accomplît : mais on peut toujours prédire longtemps à l'avance les résultats inévitables que doivent produire des causes bien connues.

« La richesse scandaleuse du clergé devait amener sa ruine. Aucun gouvernement espagnol n'eût pu subsister désormais sans le déposséder.

« Pour détruire cette puissance égoïste et desséchante, la force militaire avait besoin de l'appui moral des Cortès, et celles-ci ne pouvaient se passer du peuple. Pour avoir son assentiment, il fallut l'éclairer, et par conséquent émanciper les journaux politiques. Ceux-ci furent d'abord fougueux et inexpérimentés ; mais les penseurs et les écrivains se formèrent par la discussion, et la presse devint ce qu'elle devrait être partout : le guide et l'interprète de la raison publique.

« En résumé, la révolution d'Espagne se développa d'une manière très-lente, parce qu'elle n'était pas mûre lorsque la guerre de l'indépendance lui donna la première impulsion ; elle s'est opérée par l'armée, parce que l'éducation du peuple n'était pas faite ; mais elle n'a pas rétrogradé, parce que la ténacité est le trait le plus distinctif du caractère espagnol.

— Je ne vous ai pas interrompu, dis-je en réprimant un mouvement d'impatience, cependant nous voici bien loin du Portugal.

— Aussi n'avais-je pas fini. Je suis bien fâché d'être si long, mais tout s'enchaîne, dans l'histoire des peuples comme dans celle des individus, et chacun porte la peine ou reçoit la récompense de ses actes antérieurs.

« Le Portugal ne s'était séparé de l'Espagne que pour échapper à la domination égoïste et hautaine de Madrid, et il était dans la nature des choses que toutes les populations de la péninsule ibérienne fussent réunies en un seul faisceau. Issues d'une souche commune, parlant la même langue, entourées partout des limites les mieux circonscrites, elles devaient obéir à la tendance naturelle qui pousse incessamment aux associations de plus en plus larges. Il suffisait donc que l'un des deux pays acquît son développement normal pour entraîner l'autre dans sa sphère d'attraction. C'est l'Espagne qui s'est mise en marche la première, parce qu'elle jouissait au moins de son indépendance ; le Portugal a suivi le mouvement, mais de loin et seulement comme il convenait aux intérêts de l'Angleterre.

« L'Espagne s'est placée momentanément sous cette dangereuse tutèle, grâce à de nombreux emprunts, grâce à la politique habile du cabinet britannique, et surtout, il faut bien le dire, grâce aux fautes multipliées de Louis-Philippe, fautes dues à des préoccupations matrimoniales qui lui ont fait oublier les intérêts des deux pays. Cependant.....

—L'égoïsme dynastique de nos souverains a donc toujours produit des effets contraires à ceux qu'ils en attendaient ? C'est une bien triste calamité pour les peuples !...

— C'est pour cela qu'ils doivent faire leurs affaires eux-mêmes, sans oublier toutefois les intérêts des autres ; car l'exploitation d'un peuple par un autre n'est pas moins injuste, moins funeste à tous deux, que celle d'un peuple par un individu, par une famille, par une caste. Il en résulte toujours révolte de l'amour-propre offensé, et par conséquent haine et répulsion.

— Vous me l'avez déjà dit.

— On ne saurait trop le répéter.

« Cependant les deux nations n'ont jamais partagé longtemps les erreurs de leurs gouvernements. Malgré les passions et les préjugés qu'on a souvent réchauffés dans leur sein, elles ont toujours conservé l'une pour l'autre une estime sincère et une profonde affection. Aussi, dès qu'elles ont pu se gouverner elles-mêmes, elles ont resserré plus étroitement que jamais les liens d'amitié, de confraternité, que commandent leurs rapports naturels, leurs besoins réciproques.

« L'Espagne, d'ailleurs, ne tarda pas à s'apercevoir de l'influence délétère des traités onéreux dont l'Angleterre s'était fait payer chaque service rendu. Son industrie, son commerce, achevaient de s'éteindre. Elle sentit enfin que son sort allait devenir celui du Portugal. Les Cortès avaient pris un ascendant toujours croissant sur le pouvoir militaire, et la presse était devenue une véritable puissance. La nation s'était rapidement éclairée par tous les genres de discussion. Dès qu'elle fut débarrassée de cette protection intéressée, elle entra dans une voie de prospérité qui fit bientôt disparaître les dernières traces des discordes civiles.

« La misère du Portugal et la prospérité de l'Espagne formaient un contraste trop frappant pour qu'il fût difficile d'en reconnaître la cause. C'est alors que les Portugais sentirent renaître leurs sympathies pour les frères dont ils s'étaient jadis séparés. C'est alors qu'ils désirèrent une fusion qu'ils avaient toujours repoussée, parce qu'on avait voulu la leur imposer. Les deux peuples y travaillèrent donc désormais d'un commun accord.

« Les ministres des deux pays s'étaient d'abord flattés d'y parvenir par une combinaison assez ingénieuse. Le jeune souverain du Brésil aurait échangé son royaume contre celui du Portugal, et son mariage avec la reine d'Espagne, Isabelle, aurait fait passer les deux couronnes sur la tête de l'héritier commun. Mais, d'un côté, l'Angleterre aurait perdu sa domination la plus importante ; de l'autre, Louis-Philippe, ses illusions matrimoniales. Ces combinaisons diplomatiques échouèrent donc, ainsi que beaucoup d'autres, qui leur succédèrent pendant longtemps. Il fallait de graves événements pour forcer l'Angleterre à lâcher sa proie.

« Ils se présentèrent, enfin, à l'occasion des guerres dont je viens de vous parler. Le Portugal se hâta d'en profiter pour faire acte d'indépendance et déclarer sa ferme résolution de se fondre avec le reste de la péninsule. L'Espagne aida de toute sa puissance la consécration de ce vœu librement émis. Mais l'Angleterre n'était pas tellement engagée dans la lutte, qu'elle ne pût encore disposer d'immenses ressources. La France fit donc contre elle ce qu'elle faisait contre l'Autriche ; elle rendit au Portugal le même service qu'au Piémont et à Venise, le même service à l'Espagne qu'à l'Italie, et neutralisa par cette puissante diversion l'un des plus grands obstacles à la réunion de l'Allemagne en nation germanique.

« C'était donc partout et toujours la même cause qu'elle défendait, celle de la démocratie; c'était toujours et partout le même principe qu'elle protégeait, celui du *respect à la volonté libre des peuples.*

« Aussi fut-elle puissamment secondée dans l'une et l'autre péninsule par l'enthousiasme et la sympathie des masses; aussi le triomphe de la justice et de l'humanité ne fut-il pas plus douteux d'un côté que de l'autre. L'insurrection des deux Canadas acheva de rendre ce triomphe plus facile et plus complet...

— Les Canadiens se sont encore insurgés?

— Oui, vers la fin, et pour la dernière fois.

— Comment savez-vous que c'est pour la dernière fois?

— Je vous l'expliquerai plus tard, ainsi que la coopération des États-Unis avec la France ; pour le moment, il me semble que nous avons bien assez d'événements à débrouiller.

— Vous m'aviez bien dit qu'ils avaient marché très-rapidement !

— C'est que tous les éléments étaient en présence depuis longtemps. Il n'était plus au pouvoir de la diplomatie d'empêcher la lutte sourde et continue des deux principes d'éclater avec violence... Mais ne rentrons pas dans les digressions...

« La France établit et consolida l'union de l'Espagne et du Portugal sur les bases d'une parfaite réciprocité. Elle rendit Gibraltar au gouvernement ibérien, et se retira sans rien stipuler pour elle.

« L'Espagne n'avait que deux couleurs à son drapeau, le rouge et le jaune ; elle y joignit le bleu, pour rendre hommage aux droits du Portugal.

« Plus tard, l'Ibérie remplaça le jaune par le blanc, pour avoir exactement les mêmes couleurs que la France et l'Italie, avec lesquelles elle s'unit intimement ; et, pour distinguer son drapeau de celui des deux autres pays, elle porta ses trois bandes horizontalement, comme celles de la Néerlande ; seulement elle a le rouge en bas, tandis qu'il est en haut dans le drapeau néerlandais. Ainsi, les drapeaux des deux pays se correspondent comme ceux de la France et de l'Italie.

7

— Est-ce que la Hollande fait aussi partie du pacte fédéral?

— Sans doute : mais c'est seulement depuis peu.

« La Néerlande manquait d'un grand marché pour ses denrées coloniales : elle avait besoin de nos produits industriels, parce qu'elle est privée de fabriques; elle ne pouvait donc que gagner à se réunir à la France, dont elle n'avait pas à redouter la concurrence. D'un autre côté, elle n'était pas assez puissante pour faire respecter ses colonies contre les empiétements continuels des Anglais dans l'Océanie. Elle avait déjà fait bien des concessions à ces dangereux voisins, et ses craintes avaient encore augmenté depuis que l'Inde anglaise avait proposé d'acheter Java. Déjà des révoltes avaient éclaté parmi les indigènes du centre : une sourde fermentation régnait dans d'autres colonies; Cura-çao même avait adressé à la métropole des pétitions menaçantes. C'est alors que la Néerlande, après de longues et mûres délibérations, demanda son ad-mission au pacte Ibergallitale, en conservant ses couleurs, qui sont précisément celles des trois autres états.

« Ainsi, ces couleurs sont les mêmes pour tous ; seulement, elles sont disposées d'une manière différente pour chaque état de l'Union.

« Elles sont aussi surmontées d'emblèmes différents. Au reste, vous avez tout cela bien détaillé sur cette partie de la carte.

« La Néerlande, comme vous voyez, a pris pour emblème le Castor, image fidèle d'un peuple patient et laborieux, qui a conquis son pays sur la mer, qui construit au-dessous des eaux, et dont l'existence n'est préservée que par des digues. L'Ibérie a cru devoir conserver le lion d'Espagne.....

— Comme la France, son Coq gaulois, ajoutai-je en riant.

— Oui, Monsieur, reprit vivement mon hôte en relevant la tête ; quoiqu'on l'ait confondu jadis avec une poule mouillée, nous n'avons pas cru devoir le punir de ce qui n'était pas son fait. Il a montré plus tard à ses voisins que sa voix pouvait encore les réveiller de leur sommeil, qu'il savait voir plus loin que l'horizon de son fumier, conserver ses habitudes généreuses et leur faire oublier les allures hautaines de l'aigle impériale. »

Pour détourner cette chaleur provençale, je demandai s'il n'existait aucun drapeau commun à toute la fédération.

« Comment donc, ne le voyez-vous pas au-dessus de tous les autres?

— Ah! je ne l'aurais pas deviné : il ne leur ressemble en rien.

— Il fait plus, il les résume tous, ainsi qu'il convenait. Au reste, vous le verrez mieux sur le palais du congrès général, ou bien en tête de quelque régiment fédéral.....

— Je crois avoir déjà vu quelque chose de semblable quelque part. Oui, je me le rappelle maintenant : c'était en Égypte, particulièrement au Caire et à Alexandrie.

— C'est très-possible..... Vous voyez cet arc-en-ciel sur un fond blanc?

— Je l'avais pris de loin pour un croissant renversé..... Mais, je ne comprends pas.....

— Vous savez que le blanc résulte de la fusion
de toutes les couleurs? Ce fond blanc représente
donc exactement le gouvernement central, expression de la volonté générale, et réunion des intérêts
communs à tous les états fédérés.

« L'arc-en-ciel est un autre emblème d'alliance et
de paix, dans lequel chaque couleur fondamentale
se mêle à sa voisine dans toutes les nuances, sans
pourtant s'y confondre, ni perdre entièrement
ses caractères primitifs, de même que l'administration de chaque état, de chaque province, de
chaque commune, reste parfaitement distincte en
ce qui concerne ses intérêts spéciaux, sans compromettre ceux des autres.

« La forme de l'arc-en-ciel représente d'ailleurs
assez bien la disposition littorale de l'Ibérie, de la
France et de l'Italie.

« Quant au bonnet phrygien qui surmonte la
pique, il doit rappeler sans cesse à tous les pouvoirs,
que toutes les mesures doivent être prises dans

l'intérêt du plus grand nombre, qu'elles doivent avoir pour but le plus grand développement physique, intellectuel et moral de tous, l'emploi de toutes les facultés pour la plus grande satisfaction de chacun et la plus grande prospérité générale.

« En ne perdant jamais de vue ce principe fondamental, toutes les aptitudes sont utilisées, les affaires publiques sont conduites par les plus capables et les plus dévoués ; enfin, l'ordre règne à l'intérieur et la sécurité au dehors, parce que tous sont intéressés à la conservation des institutions et à la défense du territoire.

« Ce bonnet phrygien nous rappelle aussi que nous devons prendre la défense des intérêts populaires partout où ils sont menacés, parce qu'ainsi le veut le développement de l'humanité.

— L'application de ce principe doit vous attirer bien des embarras, exiger bien des sacrifices ?

— Pas tant que vous le pensez. On a bien de la force quand on est désintéressé dans une question, quand on a pour soi la justice et l'assentiment des masses. Ouvrez l'histoire et vous verrez que les nations les plus puissantes, les plus prospères, celles qui ont joué le rôle le plus brillant et laissé la mémoire la plus durable, sont celles qui ont le plus contribué aux progrès de l'humanité, lors même qu'elles n'agissaient que dans leur intérêt particulier ; celles qui s'y dévouèrent avec connaissance de cause en furent encore plus sûrement récompensées.

« C'est ce qui a valu à la France la sympathie de tous les peuples éclairés ; c'est ce qui l'a placée naturellement à la tête de la fédération Ibergallitale, plus encore que sa langue, sa position géographique et sa puissante unité. Aujourd'hui que cette loi nous est bien démontrée par l'étude du passé, nous sommes sûrs de ne plus agir en aveugles ; nous suivons ces principes comme les guides les plus sûrs de notre conduite politique, de notre morale privée. C'est pour nous une espèce de religion dont le devoir et le dévouement forment les bases, et nous croyons fermement qu'elle s'étendra partout. Aussi avons-nous conservé religieusement sa formule la plus abrégée.

« Sur la bande blanche du drapeau de chaque état, comme au-dessous de l'arc-en-ciel du drapeau fédéral, vous lirez en lettres d'or : *Liberté*, *égalité*, *fraternité*; sainte devise inspirée dans une révélation sublime aux martyrs qui nous ont ouvert la voie et servi de modèles.

— Voilà qui va très-bien en théorie, et je comprends parfaitement que la réunion de toutes les couleurs forme le blanc ; qu'elles restent distinctes dans votre arc-en-ciel tout en se fondant avec leurs voisines; je vous accorde même que cet emblème d'alliance rappelle, si l'on veut, la configuration littorale de l'Italie, de la France et de l'Espagne; mais je n'admettrai jamais dans la pratique une fusion complète des intérêts de chaque pays, avec leur conservation distincte dans les moindres nuances; c'est-à-dire, probablement, dans les plus petites localités. Je ne puis voir là qu'une allégorie ingénieuse, et, pour ne pas sortir de la métaphore, je vous avoue franchement que je vous crois dupe d'une illusion d'optique. »

Je craignis un moment d'avoir été un peu loin

avec mon pétulant Marseillais ; mais il sourit avec une bonhomie pénétrante, comme faisait son grand-père en pareille occasion, et il me dit en me serrant la main : « C'est juste... C'est ce que devait dire un homme qui a passé sa vie loin de toute communication avec l'Europe. Les comparaisons peuvent prouver tout ce qu'on veut, et nous les avons bannies de toute argumentation sérieuse. Examinons donc les faits, et voyons-les tels qu'ils sont chez nous, aujourd'hui 27 juillet 1943.

« Il est des choses qui touchent tous les membres de l'association , d'autres qui n'intéressent qu'un état, une province, un département, un canton, une commune ; et chacune de ces choses doit être régie, décidée, consentie, par ceux qu'elle intéresse.

— Je le conçois ; mais c'est précisément ce qui me paraît inexécutable dans la pratique.

— Vous allez en juger par ce qui s'est passé.

« Tout le monde a compris qu'il était dans l'intérêt général de n'avoir qu'un seul système de poids et mesures, afin de rendre les transactions commerciales plus faciles et plus loyales. Les fripons seuls pouvaient avoir quelque chose à gagner aux calculs nécessaires pour transformer les mesures et les poids d'un pays en ceux d'un autre.

« Les savants de toutes les nations avaient senti de bonne heure l'avantage d'employer dans leurs observations des baromètres, des thermomètres, etc., construits sur les mêmes principes et divisés de la même manière, afin de pouvoir comparer directement et sûrement les résultats sans perte inutile de temps, et bientôt ils étendirent ce désir d'uniformité à tout ce qui peut rendre exactement comparables les expériences faites dans tous les pays. Plus occupés de vérités éternelles que d'amour-propre national, ils plièrent facilement leur intelligence élevée et souple à tous les changements qui leur parurent utiles, et donnèrent l'exemple de la réforme la plus propre à rapprocher les peuples.

« Notre système métrique, créé avec calme au milieu des plus violentes tempêtes politiques, profondément élaboré par des génies créateurs, qu'on accusa pourtant de n'avoir su que démolir ; notre système métrique avait été conçu en vue de tous les peuples, comme les principes mêmes de notre révolution ; il avait été fondé sur la nature même des choses, comme nos réformes avaient pour point de départ les lois de l'humanité.

« Une portion du méridien avait servi de type aux mesures de longueur, et, par suite, aux mesures de surface, de capacité, de pesanteur. Il n'y avait rien d'arbitraire dans la manière de procéder, ni dans les déterminations ; toutes les opérations, soigneusement notées, pouvaient être vérifiées dans tous les temps, dans tous les pays, et devaient nécessairement conduire aux mêmes résultats. Tous les mots nouveaux, tirés du grec, eurent une signification claire, des désinences symétriques, harmonieuses et faciles à retenir. C'était donc la froide raison, et non l'amour-propre d'un peuple, qui devait conduire les autres à suivre la même voie. La France avait travaillé pour tous, et c'est pour cela que ses poids et ses mesures ont prévalu.

« Tout notre système métrique fut mis en harmonie avec le système décimal, fondé sur l'organisation de l'homme, dont les dix doigts furent les premiers instruments de calcul. Il était d'ailleurs parfaitement conforme à la manière d'écrire aujourd'hui les nombres chez tous les peuples civilisés, et il se prêtait merveilleusement à toutes les opérations arithméthiques. Il n'y avait encore là rien d'arbitraire qui pût offenser aucun amour-propre national.

« D'un autre côté, la France se trouvait à la tête du mouvement scientifique dans toutes les directions, et la précision de sa langue était éminemment propre à l'exposition, à la vulgarisation des systèmes, des méthodes, des lois, des formules, des principes de toutes les branches des connaissances humaines. Les savants de tous les pays cédèrent donc à l'empire de la logique et au besoin de l'unité. Berzélius en donna l'exemple jusque sous les pôles.

« Dans cet état de choses, il ne pouvait pas y avoir d'hésitation dans l'esprit des hommes les plus avancés de l'Italie, de l'Espagne et de la Néerlande, lorsque ces pays s'unirent à la France, et leurs représentants dans le congrès suivirent l'impulsion de la science. Leur premier soin fut d'adopter notre système métrique et toutes ses conséquences.

« Il est également dans l'intérêt de tous d'avoir la même monnaie, au même titre, avec une valeur identique, afin d'éviter les discussions, les erreurs et les fraudes. Il n'y a que les changeurs et les agioteurs qui puissent gagner à la multiplicité des monnaies. Celles de France, ayant partout un libre cours et s'harmonisant avec le système décimal, servirent de type à toutes les autres.

« L'Italie, l'Espagne, la Néerlande, battent monnaie à leur coin ; mais le congrès général veille à ce que le titre de l'or et de l'argent, le poids, la dimension, enfin la valeur des pièces, soient exactement les mêmes. Il exige aussi que l'une des faces porte la légende humanitaire : *Liberté*, *égalité*, *fraternité*.

« Les questions de paix et de guerre, intéressant aussi tous les états, sont également déférées au congrès fédéral et ne peuvent être décidées que par lui. Il en est de même de tout ce qui regarde les colonies.

« Une armée commune est indispensable à la sécurité de tous les états. Aussi est-ce le congrès fédéral qui règle chaque année le contingent de chaque état pour la conscription générale. Les pouvoirs nationaux font ensuite la répartitionde ce contingent entre les provinces, suivant leur population, et ainsi de suite jusqu'aux plus petites communes. Ce qui n'empêche pas chaque état d'avoir sa gendarmerie pour la sûreté de ses routes, ses gardes nationales pour celle des villes, etc., comme chaque commune rurale a ses gardes champêtres.

« Le déplacement de tous ces contingents favorise l'étude des idiomes et change les conditions d'existence dans lesquelles chaque soldat avait été élevé. En rentrant dans ses foyers, il y rapporte des améliorations agricoles, industrielles, etc., dont il a vu les avantages. Il a moins de préjugés, et plus de sympathie pour ses voisins.

« Il en est des forces maritimes destinées à protéger le commerce, comme de l'armée qui protége le territoire.

« Vous voyez déjà dans ces questions capitales comment il est facile de distinguer et de gérer séparément les intérêts généraux et les intérêts purement locaux. Il en est d'autres plus complexes, mais dont la solution n'a pas été plus difficile, parce qu'on s'est conformé aux lois de la justice et du plus simple bon sens.

« Parmi les voies de communication, il en est qui intéressent tous les états et qui ont besoin d'ailleurs du concours de tous, à cause des immenses travaux qu'elles exigent. Tel est le chemin de fer d'Oléron à Jaca, pour mettre en communication directe Paris et Madrid; celui d'Antibes à Gênes par la Corniche; chemins de fer pour lesquels on exécute en ce moment des tunnels de plusieurs myriamètres de longueur.

— On veut donc percer les Alpes et les Pyrénées?

— Pourquoi pas? Nous avons bien fait communiquer la mer Rouge avec la Méditerranée, et vous avez dû voir, dans vos longs voyages, les vaisseaux dù plus haut bord passer de l'Océan atlantique dans la mer Pacifique, à travers l'Isthme de Panama. »

Je n'avais rien à répondre, car je me souvenais parfaitement d'y avoir passé.

« Quant aux voies de communication qui n'intéressent qu'un pays, ajouta-t-il, elles sont établies et entretenues par la France, l'Italie, etc. Les frais des routes départementales sont votés par les conseils généraux des départements; comme ceux des routes de Toscane, par la Toscane; de la Catalogne, par la Catalogne; comme ceux des routes cantonales, par les cantons; des routes communales, par les conseils municipaux. Les travaux sont exécutés sous la direction des autorités locales et de leurs agents. Seulement, l'administration des postes exerce une haute surveillance sur toutes les voies qu'elle parcourt, parce qu'elle est plus à portée d'en bien apprécier tous les vices, et plus intéressée à les faire disparaître. Quand ses admonestations, provoquées par les rapports des courriers, restent sans effet, quand le service public en souffre, ces travaux sont exécutés d'office par l'état et portés au budget du département, du canton, ou de la commune qui les avaient négligés.

« L'instruction publique aurait pu soulever de graves difficultés, et réveiller bien des amours-propres : mais le congrès eut la sagesse de n'intervenir que pour faire respecter les droits sacrés de l'humanité, et ses résolutions furent acceptées avec reconnaissance.

« Son premier soin fut d'établir, pour toutes les localités, l'obligation de salles d'asile pour les plus jeunes enfants, parce qu'il vit dans ce germe fécond le principe des autres réformes sociales, le premier élément de l'émancipation du pauvre. C'était, en effet, établir la question sur sa base la plus large. Il ne s'agissait d'ailleurs que d'étendre des établissements particuliers fondés par des âmes généreuses et prévoyantes, de généraliser une institution dont les bienfaits, toujours croissants, étaient déjà parfaitement appréciés.

7.

« Le congrès s'occupa ensuite des écoles primaires gratuites, des écoles secondaires, etc. Il exigea l'établissement d'exercices gymnastiques réguliers, dans tous les établissements destinés à tous les degrés d'enseignement pour les deux sexes, parce qu'il est le tuteur né de tous les enfants, et que leur plus grand développement physique, intellectuel et moral, est, pour tous, le premier des intérêts.

« Le congrès s'est donc réservé la surveillance de ces établissements par ses délégués. Il peut faire exécuter d'office tout ce qui aurait été négligé à cet égard, et en porter les dépenses sur les budgets des communes négligentes, ou sur le budget du canton, s'il est bien démontré que la commune n'y peut suffire.

« Il surveille aussi la nature et la moralité de l'enseignement dans tous les établissements, parce que les principes enseignés à l'enfance influent sur le reste de la vie, et sur l'avenir du pays.

« Cependant, la religion de tous ces enfants n'étant pas toujours la même, et dépendant de la croyance de leurs parents, qui doit toujours être

respectée, tout dogme religieux est réservé au sanctuaire de la famille : c'est une affaire de foi dans
laquelle aucune autorité n'a le droit d'intervenir,
parce que les citoyens peuvent à cet égard différer
d'opinion, sans danger pour la société.

« D'un autre côté, les ministres de tous les cultes
doivent tous leurs soins à leurs fonctions spéciales,
et l'enseignement exige aussi qu'on s'y consacre tout
entier. Chacun de ces devoirs est suffisant pour ab-
sorber tout le temps de l'homme le plus laborieux.
En conséquence, une loi fondamentale du congrès
établit une incompatibilité absolue entre ces deux
fonctions également importantes. Aucun ministre
d'aucun culte ne peut être instituteur, et récipro-
quement.

« Nulle préoccupation religieuse ne s'oppose
donc à ce que les enfants de différents cultes con-
tractent entre eux des liaisons profondes, une
estime réciproque, qui durent ensuite toute la vie.

« C'est ainsi qu'ont entièrement disparu depuis
longtemps les derniers vestiges des rancunes de

sectes, un instant ranimées par l'imprudente loi de Guizot sur l'instruction primaire.

« Le congrès s'est également abstenu d'intervenir dans l'enseignement des langues, dans l'établissement des écoles spéciales, des académies ; ces questions devant être jugées par chaque état, par chaque province, suivant leur convenance.

« Un seul code civil et criminel est adopté par tous les états, parce que les principes de la justice sont les mêmes pour tous, et qu'il importe d'en rendre les notions claires, certaines et uniformes. Une commission spéciale est chargée d'étudier et de proposer les réformes que l'expérience journalière peut indiquer.

« Quant aux dépenses relatives à l'administration de la justice, elles sont supportées par chaque état, parce qu'elles ne concernent que lui seul. Il en est de même de l'établissement des différentes cours de justice : chaque province peut seule être juge de ses besoins à cet égard.

« Puisqu'il existe des dépenses d'une utilité gé-

nérale, qui doivent être votées par le congrès fédéral et payées par ses employés, il faut donc
qu'il ait son trésor et son système financier.

« C'est le congrès fédéral qui établit l'impôt général, et le répartit entre les différents états :
c'est lui qui reçoit les comptes relatifs à tous les
services publics. Ensuite la France établit son budget pour ses dépenses propres : chaque département, chaque commune a le sien, et s'administre à
sa guise, en ce qui ne concerne que le département, la commune.

« Ainsi, par exemple, le congrès vient de voter
un milliard trois cent cinquante millions pour les
dépenses communes. La France en paiera les deux
cinquièmes environ, en proportion de sa population
et de sa richesse ; elle y ajoutera ses propres dépenses pour la justice, la gendarmerie, les routes
nationales, etc., et répartira le total entre les divers
départements. Chaque département ajoutera à la
somme qu'il doit payer à l'état ce qu'il jugera nécessaire pour ses routes départementales et ses
ponts, pour ses écoles, ses colléges, ses hôpitaux,

ses musées, etc. : il répartira la somme totale entre les cantons, ceux-ci entre les communes, qui joindront à la somme à payer au département ce qui sera nécessaire pour entretenir leurs salles d'asile, leurs écoles gratuites de tous les degrés, leurs routes communales, leurs agents de police ou leurs gardes champêtres, leur pavage, éclairage, etc.

« C'est alors que chacun saura ce qu'il doit en tout, pour l'année, et paiera par douzièmes entre les mains d'un seul employé.

« Vous voyez que ce mode de perception est le plus simple et le moins coûteux qu'on puisse imaginer.

« Après le paiement des dépenses votées par la commune, le reste est versé dans la caisse du département, qui garde ce dont il a besoin et porte l'excédant aux caisses de l'état : celui-ci prend pour ses dépenses spéciales et verse dans le trésor du congrès la somme à laquelle il a été imposé. Chaque état en faisant autant, le congrès a, dans l'année, la somme qu'il avait votée.

« Pour que cet argent ne reste jamais improductif, il est déposé dans les banques du département, de l'état, du congrès ; et, pour que les services ne soient jamais en souffrance, ces banques font à leur tour les avances nécessaires au département, à l'état ou au congrès, pour leurs besoins urgents. C'est un compte en partie double, comme celui d'un particulier avec son banquier ; et nous avons fait disparaître ainsi le scandale de receveurs généraux qui gagnaient cent cinquante mille francs par an, et même plus, pour percevoir l'impôt d'un département, ce qui ne les empêchait pas toujours de faire banqueroute, et ne dispensait pas d'un payeur général, rétribué dans la même proportion, pour compliquer la besogne.

« Croyez-vous maintenant que, dans la pratique, les couleurs primitives de l'arc-en-ciel puissent s'unir à leurs voisines, en toutes proportions, sans disparaître complétement ? Croyez-vous qu'elles puissent se dessiner sur le fond blanc du pouvoir central, qui représente la fusion des intérêts généraux ? Croyez-vous qu'un emblème poétique soit nécessairement une illusion d'optique ? »

Je me hâtai d'arrêter ce débordement d'interrogations par une autre ; comme on fait quand on ne veut pas répondre :

« Avez-vous donc supprimé les cultes ?

—Pourquoi cette question, à propos de finances ?

— C'est que vous n'avez pas dit un mot des dépenses relatives aux cultes.

— Pourquoi vous en aurais-je parlé , puisque ce sont les croyants qui les paient, par des cotisations volontaires ? L'état n'a pas plus à s'occuper des dépenses du culte que de ses dogmes. Il ne pourrait intervenir qu'autant qu'il y aurait empiètement sur d'autres droits, sur d'autres croyances, comme dans le cas de processions extérieures , ou de quelque autre cérémonie gênant la voie publique et la conscience des dissidents. Le reste doit être réglé en famille.

« Depuis que les frais de chaque culte sont payés par des cotisations volontaires, les dépenses ont rapidement diminué; de nouveaux rites, plus simples, se sont établis ; mais la foi n'y a rien perdu : seulement on tient plus au fond qu'à la forme; on attache plus d'importance à la morale qu'aux dogmes et aux cérémonies ; ce qui tend à ramener toutes les religions sur un terrain commun, celui de la morale.

« C'est, d'ailleurs, un signe infaillible de progrès.

« Jadis les médecins allaient en robe ; ils parlaient latin ; ils formulaient en latin ; ils donnaient à leurs drogues des noms barbares, et les entassaient d'une manière monstrueuse ; ils en indiquaient les doses par des signes cabalistiques, le tout pour que leurs recettes parussent aux malades des grimoires, et leur science une espèce de divination : ces pitoyables jongleries ont diminné peu à peu, à mesure que la science a fait des progrès, et jamais les médecins n'ont joui de plus de confiance et de considération.

— Témoin votre grand-père, qui était bien le praticien le plus simple et le mieux apprécié... Mais, d'après cette théorie, qui consiste à faire payer à chacun ce qui est à son usage, pourquoi n'avez-vous pas rétabli le système des barrières ? n'est-il pas juste que ceux qui dégradent les routes les paient ?

— Ce mode de perception est trop coûteux, trop vexatoire : il apporte trop d'entraves à la circulation, surtout la nuit. Les routes étant utiles à tous, il importe que tous en jouissent librement, et que chacun paie les impôts en proportion de sa fortune, c'est-à-dire, en proportion des services que lui rendent des routes bien entretenues : ce qui est aussi juste que les barrières, sans exiger une armée d'employés, sans entraver la circulation. D'ailleurs, la barrière ne fait pas de distinction entre la plus misérable charrette et le tilbury le plus élégant; elle ne peut saisir toutes les nuances intermédiaires.

— Cependant, si un département, un canton, voulaient établir chez eux ce mode de perception, ils seraient dans leur droit, puisqu'il ne s'agit que d'une affaire purement locale.

— C'est une erreur : une pareille mesure serait contraire à l'intérêt général, et de plus, elle serait injuste. Des départements, des cantons entretiendraient seuls leurs routes, et paieraient des barrières sur celles de leurs voisins : il n'y aurait plus de réciprocité.

— Une ville ne serait donc pas libre de rétablir ses octrois ?

— Certainement non. Pas plus qu'un département ne serait libre de s'entourer d'un système de douanes. Les octrois étaient des douanes établies par les villes pour leur usage particulier, au détriment de tous. Si ces octrois n'avaient nui qu'à la ville qui s'isolait ainsi de ses voisins, on aurait pu la laisser faire, en se contentant de lui donner de bons avis. Mais c'était une entrave pour tous, c'était un impôt vexatoire, injuste, immoral...

— Que devient alors cette liberté que vous avez placée si fièrement en tête de votre légende, sur vos drapeaux, sur vos monuments ?

— Vous oubliez qu'elle est partout suivie de l'*égalité*, de la *fraternité*. Oui, Monsieur, liberté pour les individus, pour les communes, pour les départements ou les provinces, pour chaque état de la fédération ! mais seulement en ce qui n'est pas contraire aux droits des autres individus, des autres communes, des autres départements, des autres états ; sans quoi il n'y aurait point de réciprocité, par conséquent pas de justice, pas d'union.

« La liberté absolue dont vous parlez est celle de la force brutale, de l'égoïsme et de l'isolement, de la lutte et de la guerre ; c'est celle des sauvages parmi lesquels vous avez vécu si longtemps ; encore sont-ils obligés d'en aliéner une partie, car vous ne les avez vus nulle part complétement isolés. Ils sont donc obligés aussi de reconnaître des droits à leurs compagnons, surtout à leur chef, et vous savez de quelle manière terrible ce chef les exerce. Notre liberté à nous est celle de la réciprocité, de la justice... »

Un peu piqué de ce rapprochement, je ne pus m'empêcher de répondre avec quelque ironie :

— Oui, j'ai vu les derniers débris de ces malheureux sauvages dont le voyageur ne pourra bientôt plus trouver de vestiges. J'ai vu avec quelle réciprocité la civilisation les traite, avec quelle liberté elle les chasse de leurs territoires, des lieux

où reposent les os de leurs pères ; avec quelle justice elle hâte leur extermination en leur fournis-
sant des armes à feu et de l'eau-de-vie. »

Je vis que j'avais frappé dans l'endroit le plus
sensible, car mon hôte passa lentement ses deux
mains sur son front ; puis après un moment de silence, il reprit avec émotion :

« Je gémis autant que vous de ces calamités.
Il faut déplorer les malheurs particuliers, et tâcher
de les diminuer autant que possible ; mais on ne
doit jamais perdre de vue le résultat général. Aucun
progrès ne peut avoir lieu sans que bien des intérêts soient lésés. C'est une dure nécessité sans
doute ; mais elle se retrouve partout, inévitable,
inflexible, comme les lois qui régissent la matière
brute, et toujours elle tourne, en définitive, au
profit du plus grand nombre.

« La surface qui nourrissait, par la chasse, deux
cent mille sauvages, au milieu de dangers, de misères et de privations de toute espèce, au milieu de
combats perpétuels et féroces ; cette même surface,
peut entretenir dans l'abondance, par l'agriculture,

l'industrie et le commerce, cent millions d'habitants paisibles, heureux, vivant en paix entre eux, et portant leurs produits, leurs relations amicales, sur tous les points du globe, pour le bien réciproque de tous. Ces cent millions d'hommes utiles et laborieux, s'y développeront certainement s'ils peuvent y vivre; mais, quel que soit leur nombre, ils ne sauraient y trouver place qu'aux dépens des anciens habitants, et, dans tous les cas, la civilisation ne peut reculer devant l'état sauvage; l'être le plus sensible ne saurait même le désirer; car il n'y a pas de comparaison entre les résultats, pour l'espèce humaine.

— Qu'on éclaire donc ces malheureux! qu'on les fasse participer aux bienfaits de cette civilisation!

— On l'a tenté bien des fois : il faut rendre à cet égard justice à qui de droit : mais on l'a toujours tenté sans succès. On a pris des enfants de *Peaux rouges* à la mamelle; on les a fait nourrir par des femmes d'une autre race; on les a élevés avec des enfants blancs, dont ils ont partagé les jeux et les premières études; on les a placés ensuite dans des colléges; ils y ont pris la même instruction que les autres, les mêmes manières, les mêmes habitudes. Cependant, à quelque époque de leur vie qu'ils se soient trouvés en rapport avec des tribus sauvages, ou seulement dans leur voisinage, ils se sont constamment échappés, pour aller les rejoindre, et ils ont adopté sans retour leurs mœurs, leur genre de vie, sans se plaindre néanmoins des Européens.

« Les faits de cette nature se sont multipliés à l'infini, non-seulement en Amérique, mais encore dans l'Australasie, dans la Tasmanie, dans la Nouvelle Zélande, dans la plupart des îles de l'Océanie; car les Anglais ont mis à cet égard autant de zèle et de persévérance que les Américains; et, chose bien remarquable, les Papous, qui ne connaissent pas même l'usage du feu, sont ceux qui montrent de plus d'antipathie pour la civilisation, ceux qu'elle décime le plus rapidement.

« Les mêmes instincts se manifestent chez les petits des animaux libres, qu'on élève au milieu d'individus de la même espèce habitués depuis longtemps à la domesticité. Il faut dans certaines familles plusieurs générations pour faire entièrement disparaître cet instinct sauvage, parce que l'influence des parents ne se borne pas aux formes extérieures. Bien plus, les graines des végétaux, cultivées dans des conditions différentes de celles où elles ont été produites, en transmettent l'empreinte aux plantes qui en naissent, et ces modifications ne disparaissent quelquefois qu'au bout d'un temps fort long.

« Puisque la loi est générale, invariable, il n'est pas possible d'en changer les résultats. Après l'avoir bien constatée, il ne reste qu'à prévoir les conséquences qu'elle doit produire ; car elles sont rigoureuses jusque dans les moindres détails.

« L'histoire des nations plus ou moins civilisées que nous pouvons comparer entre elles, est exactement celle des hordes plus ou moins sauvages dont je viens de parler. Il faut beaucoup de temps pour faire l'éducation d'un peuple : quand elle est trop lente, ou quand elle est trop longtemps négligée, entravée, suspendue, elle se trouve pour jamais dépassée par celle de ses voisins, et il faut des efforts inouïs, des circonstances très-favorables, pour que l'évolution reprenne son cours ordinaire, pour que la prospérité ralentie ne soit pas étouffée par celle des autres, dont le progrès a été plus rapide.

« Celui qui se contente de marcher au milieu d'une immense foule qui court, en est toujours froissé, meurtri : malheur à celui qui veut s'arrêter ! il est bientôt pressé, renversé, écrasé, sans qu'il y ait de la faute de personne. Heureux, au contraire, ceux qui sont à la tête du mouvement et qui le dirigent !

« Rappelez-vous la fin malheureuse de Bailly, de Camille Desmoulins, des Girondins, etc., qui avaient été les premiers et les plus généreux promoteurs de la révolution..... Rappelez-vous le sort si différent de l'Autriche et de la Prusse dans les luttes relatives à l'organisation de la nation germanique.....

— C'est très-bien..... Vous revenez toujours sur les dangers et les privations auxquels les sauvages sont exposés, sur les combats continuels qui les déciment journellement... Mais vous oubliez toutes les misères du pauvre dans notre état social, les luttes terribles et dévorantes de la concurrence, luttes aussi meurtrières que celles des sauvages; luttes dans lesquelles le fort écrase aussi le faible, sans pitié ni miséricorde. Qu'a donc produit le principe de liberté commerciale posé par vos économistes: «*laissez faire, laissez passer?*» A-t-il fait cesser la fraude et la mauvaise foi des hommes cupides? a-t-il protégé l'industriel intelligent et laborieux, mais pauvre, contre les sacrifices d'un rival puissant qui a juré sa ruine? a-t-il empêché les coalitions des maîtres contre les ouvriers? ou bien a-t-il permis, du moins, à ceux-ci de s'entendre à leur tour sur la durée de leur travail et sur le taux de leur salaire? Tant que votre liberté *civilisée* produira de pareils maux, sera-t-elle beaucoup plus humaine que celle des *sauvages?* Quels remèdes avez-vous trouvés jusqu'à présent contre toutes ces misères?

— Je vois que vous n'êtes guère au courant des

diverses transformations qu'ont éprouvées ces importantes questions… Toutefois, votre chaleur me plaît, parce qu'elle part d'un excellent cœur… »

Il me parut que mon cher hôte allait encore me faire une leçon d'histoire sur cette matière, et, pour l'esquiver, je me hâtai de lui demander quelques explications au sujet des banques dont il ne m'avait dit que deux mots en passant.

— J'allais y venir, reprit-il…, au reste, je renouerai toujours bien le fil de mes idées.

« Il existe une banque fédérale à Marseille, une banque de France à Paris, une banque d'Italie à Rome, etc. Les banques de Paris, de Madrid, de Rome et d'Amsterdam, dépendent de la banque centrale, elles ont, dans toutes les grandes villes, des succursales qui en dépendent aussi, et celles-ci ont encore des établissements semblables dans les plus petites villes, établissements dirigés par leurs agents, dont elles sont responsables.

« Ce système de banques, fondé par le gouvernement fédéral sur la plus large base, reçoit, dans chaque localité, les fonds restés disponibles, c'est-à-dire, qui seraient sans emploi quand les dépenses administratives ont été payées : elles font, dans d'autres moments, les avances nécessaires pour qu'aucun service ne reste en souffrance. Elles reçoivent de même les fonds disponibles des villes, des communes, et leur font aussi des avances au besoin. De cette manière, aucune somme de l'état ne reste improductive et les paiements n'éprouvent jamais de retard. Ces banques reçoivent de plus tous les cautionnements des fonctionnaires, et toutes les sommes versées dans les caisses des dépôts et consignations. Elles sont surtout les dépositaires de toutes les caisses d'épargne, dont l'importance s'est accrue chaque année d'une manière inespérée, à mesure que l'instruction populaire a fait des progrès, c'est-à-dire, à mesure que l'aisance du pauvre s'est développée avec ses lumières et sa moralité. Aujourd'hui, la réunion de toutes ces petites sommes, versées par les caisses d'épargne, forme la base la plus large et la plus stable de ce système, qui embrasse tous les besoins financiers du pays.

« Outre leurs fonctions ordinaires, ces banques

ont mission de créditer l'industrie, de commandi-
ter les capacités, et, par conséquent, de régler la
production, la concurrence et le travail.

« La banque centrale connaît exactement, par
ses relations directes et continuelles avec toutes ses
succursales, les véritables besoins des consomma-
teurs : en conséquence, elle ne favorise les diverses
branches de production qu'en raison même de ces
besoins réels, et donne ainsi la meilleure direction
possible aux capitaux. Personne ne peut être assez
puissant pour faire une concurrence nuisible aux
industries qu'elle sent le besoin de protéger : personne n'est capable de soutenir, contre sa volonté,
un monopole qu'elle reconnaît nuisible à tous. Elle
prévient donc ces guerres immorales et ruineuses
que les gros capitaux faisaient aux petites fortunes,
avec la certitude de les écraser ; elle empêche
aussi ces monopoles scandaleux qui pesaient impunément sur tous, parce qu'ils reposaient sur des
fortunes colossales, contre lesquelles personne ne
pouvait lutter, et qui s'augmentaient encore par
les gains énormes dus à ce monopole lui-même.

« C'est sur l'intelligence et la moralité des fabricants, des ouvriers, des négociants, plutôt que sur leur fortune, que les banques mesurent les crédits qu'elles accordent, et ces qualités sont plus faciles à apprécier que l'aisance réelle; elles sont bientôt connues dans chaque localité par ceux qui y sont intéressés, surtout quand elles sont éminentes, et les banques ont le plus grand intérêt à être bien informées à cet égard. La moralité de tous les industriels est donc continuellement et puissamment stimulée par le désir, par le besoin d'obtenir l'appui des banques.

« C'est surtout pour le commerce extérieur que l'assistance de ces banques est précieuse, non-seulement par les avances de capitaux, par les renseignements multipliés qu'elles peuvent fournir avec plus de précision qu'aucun particulier, mais encore par l'influence morale qu'elles exercent sur tous les négociants, influence toute puissante quoique indirecte.

« Si les banques ne peuvent surveiller la loyauté des transactions, quant aux qualités, aux poids, aux

mesures des produits, avant qu'ils ne soient expor-
tés, elles retirent immédiatement tout crédit au
commerçant convaincu de fraude, ou seulement de
cupidité sordide, et elles en sont bientôt informées
par les rapports de nos consuls.

« L'intervention de la banque fédérale, en qualité de commanditaire, lui fournit aisément le
moyen de régler le prix des salaires et la durée du
travail, de la manière la plus équitable pour le fabri-
cant et pour l'ouvrier. Il lui suffit de faire donner
l'exemple par les hommes éclairés et moraux dont
elle protége les industries : personne ne saurait
lutter contre les immenses ressources dont elle dispose, et sa position élevée la met à l'abri de toute
préoccupation étroite et mesquine ; elle n'a pas
d'ailleurs de passions égoïstes à faire prévaloir,
puisqu'elle n'est que l'instrument du congrès fédéral, envers lequel elle est responsable de tous ses
actes.

« Elle impose aux fabricants qu'elle commandite
l'obligation d'accorder une partie de leurs béné-
fices à tous leurs ouvriers, agens, directeurs de

travaux, etc., suivant leur importance et leur conduite dans la fabrique. Cette part, ajoutée au salaire journalier, dépendant des affaires de l'établissement, associe intimement à sa prospérité tous ceux qui y sont employés : leur capacité, leur zèle et leur moralité sont indiqués, tous les mois, sur leur livret, qui constate ainsi la valeur exacte de chacun d'eux partout où il se présente. L'influence de ces mesures sur le développement intellectuel et moral des travailleurs, fut bientôt sentie de tous et généralement adoptée.

« La portion la moins mobile des fonds dont la banque fédérale dispose provenant des caisses d'épargne, cette banque représente, sous tous les rapports, les intérêts de la classe la plus nombreuse et la plus laborieuse, qui lui retirerait bientôt sa confiance si elle en abusait. D'un autre côté, quand elle fait des sacrifices pour aider le travail, personne ne peut le trouver mauvais, puisque c'est principalement avec l'argent des travailleurs, et pour le bien de tous, qu'elle fait ces sacrifices. Il y a donc ici solidarité complète sous tous les rapports, confiance intime, influence réciproque , et, par dessus tout, moralisation de part et d'autre.

« Aussi la puissance industrielle de la banque fédérale est-elle immense ; aussi son intervention a-t-elle produit beaucoup de bien et prévenu beaucoup de mal. C'est elle qui nous a délivrés des concurrences ruineuses, des monopoles scandaleux, des fraudes honteuses qui ruinaient notre commerce extérieur ; nous lui devons surtout l'organisation des travailleurs suivant les conditions les plus justes, les plus morales, les plus utiles à tous, et, par suite, l'émancipation des prolétaires, qu'il ne suffisait pas d'éclairer, mais qu'il fallait encore soustraire à l'exploitation rapace des capitalistes.

« Il y avait, comme vous le voyez, les connexions les plus intimes entre nos banques et les questions que vous m'aviez adressées.

« J'ose me flatter aussi que vous comprenez maintenant, sans aucune *illusion d'optique*, comment tous les intérêts des états fédérés peuvent converger, de manière à se fondre complétement dans une pensée commune, sans que ceux de

chaque état, de chaque localité, de chaque individu cessent de se manifester dans toutes leurs
nuances, en s'harmonisant avec les autres... Croyez-
vous toujours qu'il n'y ait dans notre emblème
fédéral qu'une image poétique ?.... Voyons, avez-
vous besoin d'autres éclaircissements ?

— Il est vrai que vous devez me trouver bien
questionneur ; mais, mettez-vous à ma place....
après une absence vraiment incalculable... Je vous
demanderai seulement pourquoi la banque fédérale
est à Marseille ?

— Parbleu ! parce que Marseille est le siége du
Congrès fédéral.

— Fort bien. Mais pourquoi Marseille a-t-elle été
choisie ?...

— Eh ! parce qu'elle est au centre de l'arc-en-
ciel formé par l'Espagne, la France et l'Italie ;
c'est-à-dire, au point le plus convenable à tous, par
conséquent le plus propre à concilier toutes les susceptibilités nationales. Avec les chemins de fer et
les bateaux à vapeur, on arrive à Marseille en
deux jours, d'Amsterdam, de Madrid ou de Rome ;

et c'est du Congrès de chaque état que partent les députés généraux avec leurs instructions spéciales.

— Quelle langue parle-t-on au Congrès fédéral?

— Chaque député peut parler la sienne. Beaucoup usent de cette faculté, excepté les Néerlandais, habitués à parler français chez eux.

« Les décisions du Congrès ont force de loi. C'est un de ces décrets que vous avez vu affiché dans le dernier BANDO : il est relatif au traité de commerce conclu avec l'Amérique du nord.

— Cette décision est sans doute soumise au pouvoir exécutif?

— Elle lui est notifiée pour qu'il ait à la faire exécuter, sous sa responsabilité personnelle : voilà tout. Le pouvoir exécutif n'a pas à délibérer, mais il doit se conformer aux décisions prises par les représentants de tous les états. Il est la plus haute expression de la puissance d'action, mais il ne peut être autre chose : c'est déjà bien assez qu'il ait entre les mains toutes les forces disponibles des états fédérés, et l'interprétation des décisions du

Congrès. Il faut, sans doute, qu'il soit libre dans tous ses actes, qu'il puisse même prendre des mesures temporaires pour les circonstances urgentes et tout à fait imprévues ; mais il faut qu'il en soit personnellement responsable.

« Au reste, voici une petite brochure qui contient notre constitution, avec des commentaires courts et précis. Vous y trouverez aussi des détails sur les limites de chaque pouvoir, de chaque état, etc. C'est dans ce manuel que nos enfants apprennent à lire. Vous pourrez méditer cela chez vous à loisir.

— Où se tiennent les séances du Congrès ?

— Vous verrez le palais à gauche, sur la place du Congrès, au bout des allées de Meillan, en face de l'Élysée.

— Qu'est-ce que l'Élysée ?

— C'est un immense monument, ou plutôt une réunion de monuments entremêlés de jardins. L'Élysée fut voté par le Congrès fédéral, aux hommes de tous les pays qui ont rendu le plus de services à l'espèce humaine. Vous lirez autour de la frise qui enveloppe l'intérieur du fronton :

AUX GÉNIES BIENFAISANTS, L'HUMANITÉ RECONNAISSANTE.

— Votre Élysée me paraît un développement de la pensée profonde qui fit consacrer sainte Geneviève de Paris aux GRANDS HOMMES de France, sous le nom de Panthéon : sublime page de notre histoire, dont je n'ai vu que l'énergique préface, tracée à grands traits sur le fronton, par un de nos plus larges artistes ; car une volonté coupable et bien imprévoyante s'est opposée au complet développement du vœu national.

— Vous êtes dans l'erreur : un pouvoir inintelligent peut comprimer longtemps les idées les plus grandes et les plus justes ; mais un peuple ne les abandonne jamais dès qu'il en a compris toute la portée : il y revient toujours, tôt ou tard, avec toute l'énergie qui lui est propre, en maudissant la mémoire de ceux qui en ont retardé l'exécution. Non-seulement le vœu national est maintenant accompli, mais encore le conseil municipal de Paris vient de lui donner le complément le plus convenable, en réunissant au pied du Panthéon, l'Institut, l'école de Médecine et celle de Droit, les écoles Normales et celles des Beaux-Arts, l'école Polytechnique, enfin, l'école de l'Industrie. Des monuments en harmonie avec le style de l'édifice principal sont consacrés à ces institutions nationales. »

Voici à peu près le plan que me traça rapidement mon hôte pour se faire mieux comprendre.

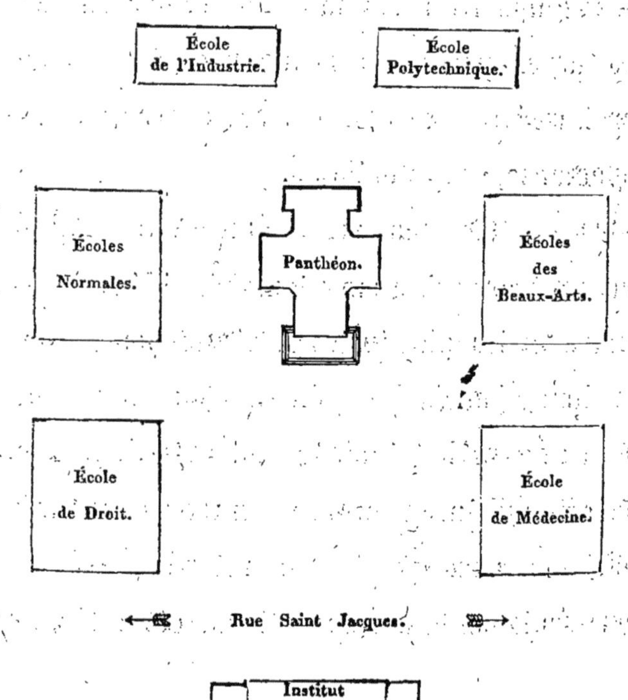

Après quoi il ajouta : « N'est-ce pas le plus magni-
fique encadrement de la pensée la plus féconde ?
Au sommet du plateau qui couronne la ville des
sciences et des arts, au centre du pays latin, dans le
lieu même où s'établirent les premiers enseignements universitaires, se réunissent journellement
les jeunes intelligences pour lesquelles s'ouvre un
immense avenir, et les hommes éminents dans tous
les genres qui leur servent de guides, ces maîtres
dont la gloire attire déjà les regards du pays. Combien le feu sacré n'est-il pas entretenu dans toutes
ces têtes par l'aspect constant du temple de la gloire,
dont les portes peuvent s'ouvrir au génie laborieux !
Combien cette vue ne doit-elle pas agrandir et fé-
conder les méditations, ennoblir les passions,
élever les âmes ! Comme les idées étroites et mesquines disparaissent devant la majesté d'un ensemble aussi grandiose ! Je ne connais rien de plus
propre à soutenir les courages ébranlés, à consoler
des petites jalousies et des injustices du moment.

« Cependant notre Élysée repose encore sur une
base plus large et plus philanthropique, puisqu'il
embrasse tous les peuples, et tous les services

rendus à l'espèce humaine. Il ne suffit pas d'avoir fait de grandes choses pour y être admis; il faut encore qu'elles soient éminemment utiles à tous. C'est l'acte de justice le plus propre à éteindre les haines des nations, et à développer leur moralité. D'ailleurs, il était digne de ceux qui se croient à la tête de la civilisation, de représenter l'humanité tout entière, en honorant les apôtres et les martyrs de sa sainte cause, abstraction faite des temps et des lieux où ils ont vécu. C'est la récompense la plus juste de leur dévouement, et l'acheminement le plus sûr à la confraternité universelle.

« Vous verrez, dans une pagode, au fond du jardin, *Koung-Tseu* que nous avons longtemps appelé Confucius. Pythagore n'est pas loin de là.

« Dans un temple d'architecture corinthienne, se trouvent réunis autour de Socrate, Platon, Aristote, Démocrite, Zénon, et toute cette pléiade de philosophes, d'historiens, d'orateurs, qui ont si puissamment remué les esprits, qui ont agité, qui ont deviné ou du moins pressenti tant de vérités dont la démonstration n'était pas encore possible. Dans un autre groupe, à droite, le vieil Homère domine

indare, Eschyle, Sophocle, Euripide, Ménandre,
Aristophane. Dans le groupe de gauche, Phidias est
entouré de la foule des artistes grecs, dont les noms
et même les chefs-d'œuvre sont arrivés jusqu'à nous.
Je ne sors jamais du sanctuaire de tant d'hommes
prodigieux sans admirer cette terre féconde, ou plutôt cette puissance de la liberté, qui a produit tant
d'hommes supérieurs sur une surface si étroite.

« La statue de Berzélius vient d'être inaugurée,
il y a quelques jours, près de celle de Linnée.
Celles de Watt, de J. Davy et d'Herschell, doivent être placées dans le voisinage du colosse en
bronze de Newton ; quelques places vides sont réservées autour de Shakespeare et de Milton.

« On vient aussi de placer Kant, à côté de ses
compatriotes Leibnitz, Klopstock, Schiller, dans
une chapelle très-élevée, mais fort obscure. Nous
attendons incessamment la statue de Humboldt.
En général, tout ce monument, d'un style un peu
gothique, est sombre, vague, et laisse pénétrer
difficilement le jour dans ses profondeurs : il faut
y rester longtemps avant que les yeux s'habi-

tuent à cette obscurité. C'est par la chapelle de Guttemberg que pénètre le plus de lumière.

— Pourquoi n'a-t-on pas groupé ces statues d'après l'ordre des affinités? Ptolémée se trouverait avec Kopernic et Ticho-Brahé! le grand et malheureux Galiléo-Galiléi ne serait pas séparé de ses successeurs légitimes, Kepler, Newton, Euler, Laplace, Herschell, etc....

— Je suis parfaitement de votre avis, et je ne doute pas qu'on n'y revienne plus tard, quoiqu'il soit assez difficile de classer des hommes tels que Michel-Angelo, Léonardo da Vinci, etc.... Les meilleures idées ont besoin de temps pour se perfectionner dans les détails.

« Au reste, les gardiens vous en apprendront plus que moi. Ils sont plus instruits que les cicérones ordinaires et ne parlent que quand on les interroge, de sorte qu'on peut à volonté rêver ou écouter.

— C'est un véritable progrès. Vous avez francisé le nom et amendé la chose....

— Vous verrez au Congrès, des envoyés de la Heellda.

— De la Hellade ?

— Oui, τῆς Ἑλλάδος. La Grèce sauvée du joug des barbares par la reconnaissance du monde civilisé, s'est réorganisée peu à peu, sous son roi tudesque. Sa population maritime, et le génie actif, industrieux de ses habitants, en ont fait bientôt les caboteurs de la Méditerranée, les intermédiaires naturels de l'Orient avec l'Occident. Ils se sont rapprochés de plus en plus de leur antique idiome. Leur moral ne s'est pas moins développé que leur instruction ; ils ont acquis l'habitude des affaires, de l'administration et de l'union. Enfin, la population s'est rapidement accrue dans les trois générations qui suivirent la guerre de l'indépendance ; elle avait doublé lorsque survinrent les troubles de l'Allemagne, lorsque l'Autriche s'unit à la Russie et à l'Angleterre pour les arrêter.

« La Russie s'occupa moins de l'Allemagne que de l'accomplissement des projets qu'elle méditait depuis des siècles. Elle concentra toutes ses forces vers la Turquie, y fomenta des insurrections, et, sous prétexte d'intervenir pour rétablir l'ordre, à

sa manière ordinaire, elle s'empara de Constantinople. Le moment se trouvait bien choisi ; car la
France et l'Allemagne étaient trop occupées ailleurs pour empêcher cette invasion.

« D'ailleurs, les Turcs étaient incapables de
seconder ceux qui auraient voulu les secourir, et
c'était encore un progrès pour ce malheureux pays
que d'échapper aux avanies et aux désordres de
toute espèce qui le dévoraient depuis des siècles :
il fallait que les harems fussent remplacés par des
casernes, et les eunuques par des schlagueurs.

« Cependant les populations chrétiennes n'attendaient, depuis longtemps, que le moment
de secouer le joug odieux des Turcs : elles brû-
laient du désir d'imiter leurs frères de l'Attique et du Péloponèse, et de se réunir à eux.
La France appuya ce mouvement généreux par
des secours d'hommes, d'armes et d'argent. Alors
plus que jamais, elle devait être fidèle à la
mission qu'elle s'était imposée, de faire respecter la volonté des peuples ; car toutes ces provinces étaient sous l'influence directe ou indirecte

de la Russie; quelques-unes même lui apparte-
naient déjà: il fallait donc l'empêcher de s'en emparer complétement, et d'envahir ensuite la Grèce
émancipée, la Grèce qu'elle convoitait aussi,
qu'elle divisait par ses intrigues habituelles, d'autant plus facilement qu'elle employait les armes de
la religion. L'intervention de la France arrêta
du moins ces projets ambitieux relativement à la
Hellade; et, en occupant fortement l'autocrate de
ce côté, elle paralysa les forces dont il aurait voulu
disposer contre la Pologne.

« Le premier noyau de la Grèce, constitué par
l'intervention de l'Europe, n'avait pu réunir
que les populations héroïques dont les efforts
désespérés avaient conquis la liberté, et ce petit
royaume n'embrassait qu'une faible partie des
tribus helléniques; il fallait le compléter pour
lui donner une existence nationale respectable,
une véritable indépendance, pour le soustraire
entièrement à l'influence et aux intrigues de
la Russie. C'est ce que firent l'Allemagne et la
France, en consacrant l'adhésion à ce premier état

grec, de la Macédoine, de l'Épire, de Chio, de Candie, de Naxos, des îles ioniennes, et de toutes les populations qui s'étaient insurgées pour se réunir à leurs frères.

« La reconstruction de la Hellade sur de plus larges bases n'était pas seulement pour l'Europe civilisée un devoir de reconnaissance, c'était un acte de haute politique. Il n'était pas en son pouvoir d'empêcher la ruine de l'empire Ottoman, ni la dissolution des peuples d'Orient, énervés par la polygamie, avilis par un esclavage héréditaire, et rongés par tous les abus, par toutes les misères qui naissent de la servitude et de l'ignorance, c'est-à-dire, de l'apathie et de la lâcheté, enfantés par l'épuisement. De ce côté, les conquêtes de la Russie étaient salutaires, même aux vaincus, autant que son influence despotique était délétère pour les libertés des peuples d'Occident. Aussi l'Europe applaudit-elle à l'organisation, à l'agrandissement de la Hellade. Aussi favorisa-t-elle la résurrection de la malheureuse Pologne !

— Comment tant d'intérêts opposés ont-ils pu

s'entendre pour rapprocher ces lambeaux sanglants et déchirés, après avoir été si bien d'accord pour se les partager?

— Des intérêts plus puissants, des dangers plus pressants, s'étaient réunis pour détruire une œuvre d'iniquité, tournée au détriment des coupables, suivant les lois de l'éternelle justice.

« Lorsque la Russie s'empara définitivement de Constantinople, les plus aveugles comprirent enfin ce que les penseurs avaient inutilement prédit depuis longtemps ; les peuples s'effrayèrent à leur tour de l'agrandissement colossal d'un gouvernement despotique et militaire, dont la population croissait rapidement, et s'organisait sous un joug de fer : ils se rappelèrent que les hordes barbares, dont l'Europe avait été si souvent ravagée, étaient toujours parties des plateaux immenses qui s'étendent de la Chine jusqu'à la Baltique. Ces hordes nomades étaient d'autant plus dangereuses pour la civilisation, qu'elles avaient reçu une sorte d'organisation régulière sous un régime militaire : devenues plus compactes et plus dociles, elles pouvaient être lancées contre l'Europe avec plus de puissance et d'unité que jamais.

On se rappelait que la Pologne avait plusieurs fois préservé l'Occident des incursions moscovites, et qu'elle seule avait sauvé Vienne de l'invasion des Turcs. On regrettait la destruction de cette puissante avant-garde contre la Barbarie.

« La Russie avait profité, comme je viens de vous le dire, des embarras de toute l'Europe pour accomplir ses anciens projets sur Constantinople; la Pologne profita de la concentration des forces russes en Turquie pour secouer un joug odieux. Constamment traitée en vaincue, châtiée en esclave, humiliée par l'orgueil brutal de vainqueurs barbares, elle n'attendait qu'une occasion favorable pour laisser éclater ses haines, accumulées avec ses griefs. L'insurrection, partie de Varsovie, s'étendit d'autant plus rapidement à toutes les populations slaves, qu'elle ne pouvait être comprimée par l'Autriche à l'agonie, et qu'elle était aidée par le reste de l'Allemagne. D'ailleurs, la diète polonaise, éclairée par les suites d'une première faute, avait immédiatement proclamé l'affranchissement de tous les serfs, et promis des terres à ceux qui prendraient les armes pour la cause commune. Le mouvement fut donc électrique, universel, et, par conséquent, décisif. L'Allemagne, qui achevait de se constituer en nation germanique, s'indemnisa des provinces polonaises auxquelles elle renonçait, par la Valachie, la Moldavie et la Bulgarie, qui lui assuraient la possession complète du Danube jusqu'à la mer Noire.

« Ici, les Allemands ne pouvaient pas faire valoir la communauté de langage et la volonté des peuples, principes qu'ils avaient invoqués pour se fondre en un seul corps de nation : mais il est des nécessités topographiques tellement irrésistibles, qu'elles doivent nécessairement être satisfaites tôt ou tard : là politique la plus humaine est celle qui en favorise l'accomplissement pour épargner aux peuples des déchirements ultérieurs qui seraient inévitables. La Baltique ne suffisait pas aux provinces allemandes, parce qu'elle ne reçoit pas les affluents de leurs plus grands cours d'eau, et parce que la navigation y est interrompue une partie de l'hiver : il fallait que le Danube servît de débouché à l'immense territoire qu'il traverse, ainsi qu'aux nombreuses rivières qui s'y rendent. La France comprit que l'Allemagne méridionale ne pouvait pas rester plus longtemps séquestrée chez elle, et privée de la ressource la plus féconde pour son commerce et son industrie. Elle vit aussi qu'il était important, pour l'Europe entière, que toute l'Allemagne fût intéressée à ce que la Russie ne restât pas maîtresse absolue de la mer Noire, et ne pût pas fermer les Dardanelles suivant son caprice. Un peuple de septante millions d'habitants peut toujours facilement faire respecter ses droits, quand il les comprend bien.

« C'est sur ces bases qu'a été conclu le traité définitif d'alliance entre la nation Germanique et la fédération Ibergallitale, traité politique et commercial auquel la Suède et le Danemark ont adhéré, et qui préserve l'Europe des deux plus grands dangers qui la menacent, *le despotisme militaire de la Russie* et *le monopole commercial de l'Angleterre.*

— Comment ces deux puissances prirent-elles part à ce traité?

— Elles refusèrent d'abord leur adhésion : mais le reste de l'Europe n'en avait pas besoin pour faire respecter ses volontés. Ce que gagna l'Angleterre à cette obstination fut l'adoption, par toutes les puissances contractantes, d'un système de douanes général et réciproque, qui lui ferma tous les marchés, excepté ceux de la Russie, peu importants pour elle.

« Cette mesure l'atteignit au cœur, en portant le dernier coup à ses industries, pour lesquelles elle avait sacrifié ses trésors, son sang, et même les droits sacrés de la justice et de l'humanité.

— Ce traité de commerce, dont vous vantez aujourd'hui l'efficacité, est fondé sur le même principe que le système continental de Napoléon, contre lequel toute l'Europe s'est insurgée : c'est bien le même cordon de douanes élevé contre l'*insatiable cupidité de la perfide Albion*, comme disait alors le Moniteur impérial. Comment la même mesure a-t-elle pu être accueillie d'une manière si opposée par les mêmes populations, et produire des effets si différents ?

— C'est qu'elle avait, la première fois, le malheur d'être imposée par la force. Or, les peuples ne supportent de grands sacrifices que quand ils les ont voulus, et ils ne s'y décident qu'en vue d'immenses avantages futurs, ou pour éviter de plus grands maux présents. Il ne suffit donc pas qu'une pensée politique profonde éclose dans la tête de l'homme de génie, lors même qu'il est tout puissant, pour qu'elle produise par ses mains les résultats qu'il en attendait : il faut encore que l'utilité, la nécessité de la mesure, soient comprises ; il faut qu'elle soit adoptée par tous ceux qu'elle intéresse et qui pourront en souffrir momentanément ; il faut qu'ils ne se croient pas victimes d'un caprice ou d'une préoccupation égoïste. Je vous ai déjà fait remarquer le même phénomène à l'occasion des deux invasions des Français en Espagne : la première pouvait être aussi utile aux Espagnols que la seconde devait leur être funeste, et cependant l'une excita les haines les plus violentes, tandis que l'autre fut reçue avec acclamation. C'est que les hommes et les peuples ne supportent pas d'être contraints dans leur volonté; c'est qu'il faut, même pour leur faire du bien, les éclairer sur leurs véritables intérêts.

« Le despotisme du génie est donc, dans les circonstances les plus favorables, une calamité réelle, en tant que despotisme, par cela seul qu'il ne permet pas la discussion, qu'il oblige sans conviction, sans réciprocité. Vous pouvez juger par là de tous les autres despotismes.

« Du reste, l'union entre l'Angleterre et la Russie ne fut pas de longue durée.

« L'Angleterre, dans son île, n'avait rien à craindre de la puissance militaire de la Russie, et, celle-ci, occupée de peupler et de défricher ses steppes, n'avait encore aucune industrie à protéger. Mais il n'en était pas de même en Asie : les deux puissances, parties des points les plus opposés, s'étaient avancées longtemps sur cette moitié de la terre sans se rencontrer : dès qu'elles furent en présence, elles s'observèrent d'un œil inquiet et jaloux. L'autocrate favorisa, comme de coutume, des soulèvements, et fit passer secrètement des armes, de l'argent et des officiers aux insurgés. Le gouvernement britannique envoya de son côté, dans le Thibet, le Caucase et même en Géorgie, des officiers, de l'argent et des armes. De là des récriminations réciproques. Enfin, lorsque la Russie, levant tout à fait le masque, s'empara décidément de Stamboul, l'Angleterre éclata; mais les populations du Liban avaient pris les armes et coupé les communications de Bagdad à Saint-Jean-d'Acre; la Syrie, dont l'Angleterre avait fini par s'emparer, à force de persévérance et de combinaisons diplomatiques, la Syrie était menacée par les troupes russes, tandis que, d'un autre côté, une armée polonaise faisait une pointe sur Moscou. C'est alors que chacune des deux puissances, pour continuer sa lutte contre l'autre, adhéra au traité conclu sans elles par le reste de l'Europe.

— Que sont devenues, pendant tout ce temps, nos pauvres colonies ?

— Elles ont beaucoup souffert. Cependant, les colons ont du moins pu s'applaudir d'avoir accompli l'affranchissement de leurs esclaves, avant l'explosion de la guerre entre la France et l'Angleterre ; car ils n'ont couru nul danger de ce côté. Les nègres émancipés, n'ayant plus de haines contre leurs anciens maîtres, restèrent sourds à toutes les machinations, et même, possédant enfin quelque chose, ne fût-ce que leur liberté, leurs femmes et leurs enfants, ils prirent autant de part à la défense commune que les autres citoyens, et l'on cite à leur égard les traits les plus honorables de courage et d'abnégation.

« La Louisiane, les deux Carolines et tous les états à esclaves de l'Union américaine éprouvèrent, au contraire, de grandes calamités par suite de leur obstination à repousser l'abolition de l'esclavage, souvent réclamée par les états du nord et de l'ouest. Les Anglais, pour se venger de la perte des deux Canadas et paralyser une partie des ressources de leurs ennemis, débarquèrent sur plusieurs points de petits corps d'armée composés de nègres et de mulâtres. Les vengeances et les représailles devinrent atroces, et l'Union américaine n'eut pas trop de toutes ses forces pour arrêter cette guerre horrible. Voilà ce qu'il en coûte pour méconnaître les leçons de l'expérience et les devoirs de l'humanité.

— Croyez-vous donc que ce soit par philantropie que les Anglais aient émancipé les esclaves de leurs colonies? C'est parce que le sucre de l'Inde leur coûtait beaucoup moins cher, et qu'ils pouvaient en inonder l'Europe; c'est qu'ils voulaient se couvrir de ce prétexte hypocrite pour obtenir le droit de visite...

— Je le sais, car tout cela est bien ancien; mais qu'importe, ils marchaient dans le sens de l'humanité, qui s'avance par toutes les voies, souvent même sans en avoir la conscience, et l'humanité leur en a tenu compte. C'est même cette politique habile qui les a maintenus si longtemps à la tête de la civilisation, malgré leur profond égoïsme. Malheur à ceux qui marchent en sens contraire, quelles que soient d'ailleurs leurs intentions!

— Les États-Unis ont dû souffrir beaucoup de ces représailles, car la fureur des esclaves révoltés est terrible.

— Les pertes, en effet, furent d'abord incalculables dans les états du sud. Cependant, jamais la prospérité de l'Union ne fut plus rapide qu'après cette guerre, commencée sous de si funestes auspices, parce qu'elle fut immédiatement suivie de l'abolition de l'esclavage dans tous les états. La population a continué àdoubler tous les vingt-cinq ans, et...

— Combien compte-t-elle aujourd'hui?

— L'immense surface qui s'étend du Texas aux glaces polaires, compte déjà septante-trois millions d'habitants, d'après les renseignements statistiques de 1942.

— Que dites-vous? soixante-treize millions d'habitants?

— J'ai dit *septante-trois* millions, parce qu'on ne compte plus autrement : nous disons septante, octante et nonante, comme on disait autrefois, comme ont toujours dit nos compatriotes Italiens

9.

et Espagnols ; par la même raison que nous disons trente, quarante, cinquante et soixante. Pourquoi voulez-vous, arrivé là, manquer aux règles de l'analogie par des anomalies de plus en plus absurdes. Soixante et puis dix... Quatre fois vingt... Quatre-fois vingt et puis dix ! Convenez que c'était par trop illogique.

— Il me semble que cela sonnait mieux à l'oreille.

— C'était évidemment l'effet de l'habitude, car vous seriez bien autrement choqué si vous entendiez dire *la Bible des soixante et dix, la version des soixante et dix....* Absurdité ! !

— C'est possible ; mais, ce n'était pas sur cela que portait mon observation ; c'était sur l'accroissement rapide de la population des États-Unis.

— Vous savez cependant qu'elle a jusqu'ici doublé chaque vingt-cinq ans, depuis la déclaration de l'indépendance : le compte est donc facile à faire. Au reste, voulez-vous le chiffre exact ? je vais vous le donner d'après mon annuaire. Vous savez que l'Annuaire du bureau des longitudes est d'une précision... Voyons, écrivez, soixante... et treize millions, quatre-vingt..... dix-sept mille habitants.

« Ah !... ah !... vous avez dû effacer votre six
d'abord, puis votre huit ensuite ! Figurez-vous le
bel effet que cela ferait sur un acte, ou sur un livre
de comptes.

— Vous êtes d'un rigorisme...

— Le bon sens populaire se manifeste dans les
petites choses comme dans les grandes, et finit
toujours par avoir raison contre les beaux esprits ,
et même contre les académies..... Or le bon sens
populaire a toujours suivi les simples lois de l'analogie ; il a toujours dit septante, etc., tant qu'il n'a
pas été faussé, et il a prévalu... Mais revenons aux
États-Unis...

« L'industrie, le commerce et la marine ont
suivi la même progression que la population.
L'Union a liquidé dans quelques années sa dette
publique, contractée pour soutenir la guerre contre
l'Angleterre : tous les grands cours d'eau de l'Amérique du Nord sont maintenant navigables, les
lacs intérieurs communiquent entre eux et avec
les deux mers. Un réseau de chemins de fer et
de canaux couvre tout le pays ; tandis que l'Angleterre, au contraire, a vu sa dette publique

s'accroître de jour en jour, par toutes les guerres qu'elle a soutenues pour ouvrir à coups de canon des débouchés à ses marchandises. Elle rencontre sur tous les points du globe des concurrents redoutables, en fait de commerce et de colonisation, dans ces *Yankees* sortis de son sein, poussés par le même esprit de lucre et d'extension, possesseurs de ressources matérielles proportionnées à l'immense étendue de leur territoire fécond, et vigoureusement exploité par la démocratie la plus active et la plus vivace.

— Qu'est donc devenue cette Grande-Bretagne qui a tant bouleversé l'Europe, pour soutenir son monopole commercial, qui a tant soldé de coalitions contre l'émancipation des peuples, qui ?...

— Rassurez-vous : elle n'a pas disparu comme une autre Atlantide, mais elle achève de suivre la marche et de subir le sort de tous les peuples exclusivement commerçants. Voyez Sidon et Tyr, puis Carthage, puis beaucoup plus tard, Pise et Florence, Gènes et Venise ; puis enfin les Pays-Bas ! Tous ces états se sont éclipsés rapidement après avoir brillé comme des météores.

« Le rôle de l'Angleterre a été plus grand, parce que son sol est plus étendu ; parce que sa race s'est développée en se mêlant à celle des Romains, des Danois, des Saxons, des Bataves, des Normands, ses conquérants successifs ; parce que la navigation avait pris un tout autre essor qu'autrefois, etc. Mais, enfin, sa marche n'a pas été différente et son sort est le même.

« La prospérité de ces nations commerçantes a tenu à leur organisation, plus encore qu'à leur position maritime, comme le prouvent Pise et Florence. C'est chose bien remarquable que la ressemblance des constitutions de tous les états qui n'ont dû leur puissance et leur éclat qu'au commerce.

« A Tyr, à Carthage, à Florence, à Gênes, à Venise, dans les Pays-Bas, le pouvoir était entre les mains d'une puissante oligarchie, qui laissait au peuple assez de part aux affaires publiques pour s'attacher son affection, et pour en obtenir une coopération dévouée. Le pouvoir réel des Suffètes de Carthage avait le même caractère que celui des Souverains d'Angleterre, des Podestats de Pise

ou de Florence, des Doges de Gênes et de Venise, du Grand Pensionnaire de la République
Batave, etc. Le véritable pouvoir était entre les
mains de quelques familles, appuyées sur l'industrie et le commerce. Cette oligarchie pouvait toujours fournir à l'état des hommes heureusement
organisés pour la guerre, pour la marine, pour la
diplomatie, etc. Elle se retrempait d'ailleurs par des
alliances continuelles avec les hommes les plus éminents, qui avaient rendu le plus de services au pays.

« Dans cette vaste pépinière, les organisations
privilégiées étaient développées par une éducation
forte et toute spéciale. Les traditions conservaient
l'esprit de suite dans les grandes et longues entreprises ; l'ambition exaltait les courages, et l'habitude des affaires formait de bonne heure des
hommes d'état.

« D'un autre côté, le peuple avait assez de liberté,
assez d'intérêt à la prospérité du pays, pour aimer
la constitution et seconder le gouvernement : partout, ces conditions sont indispensables au commerce. Avec de pareils éléments, une nation fait

toujours de grandes choses, parce que beaucoup de capacités peuvent se développer, et que leur dévouement est bien récompensé.

« Tout le monde sait quelle a été la prospérité de Tyr et de Sidon : les Phéniciens avaient déjà doublé le cap des Tempêtes du temps de Nécho ; Carthage a tenu longtemps en échec la puissance Romaine ; elle a exploré toute la Baltique, et le périple de Hannon sera toujours un monument remarquable d'audace et d'habileté. Venise a lutté seule contre la Turquie, alors toute puissante ; elle a même tenu tête à presque toute l'Europe coalisée ; et les *gueux* de la République Batave ont *balayé* sur toutes les mers les escadres Anglaises et Françaises.

« Tant que ces oligarchies ont lutté contre des gouvernements despotiques, ou purement monarchiques, elles ont eu l'avantage, parce qu'elles avaient à leur service plus d'hommes supérieurs et plus de bras intéressés au succès. Mais il n'en a plus été de même lorsqu'elles se sont heurtées contre des pouvoirs démocratiques, parce que la démocratie puise partout ses grands hommes, et peut compter sur des dévouements bien autrement énergiques. Il n'y en a pas qui puissent égaler ceux qui sont employés dans leur propre cause.

« L'oligarchie anglaise a présenté tous ces caractères, a subi toutes ces épreuves, et parcouru toutes ces phases. Si elle s'éteint en ce moment, c'est parce que son égoïsme mal entendu lui a fait oublier ses antécédents. La démocratie pouvait seule ranimer la vie dans ce corps épuisé. Mais il est maintenant trop tard : l'élément populaire a pris trop de développement en Europe, et surtout en Amérique. Il ne suffit pas à une nation de rester stationnaire, pour conserver sa position ; il faut encore qu'elle ne soit pas dépassée par ses voisines.

« Les causes de décadence de ces états commerçants sont nombreuses et variées, indépendamment de la concentration exagérée des fortunes dans un trop petit nombre de mains. Ils prospèrent tant qu'ils peuvent fournir de nouveaux débouchés à leur commerce et à leur industrie, tant qu'ils peuvent en conserver le monopole, et payer les bras dont ils ont besoin à cet effet. Mais, heureusement, aucun monopole ne peut être durable, et, dès qu'il suscite des guerres, des entreprises disproportionnées à l'étendue du sol, il faut soudoyer des armées étrangères, et remplir les siennes de mercenaires.

« D'un autre côté, les colonies établies pour étendre et consolider les relations commerciales, coûtent plus qu'elles ne rapportent, quand elles ne sont pas situées de manière à se suffire à elles-mêmes : les autres se peuplent, s'enrichissent et s'étendent de plus en plus ; mais à mesure qu'elles acquièrent le sentiment de leur puissance, elles supportent plus difficilement le joug de la métropole : elles en sentent d'autant plus vivement l'égoïsme, qu'elles ont moins besoin de sa protection ; elles réclament des allégements et plus de liberté, comme tout enfant devenu majeur. La métropole habituée au commandement, comme une marâtre despotique, s'indigne, et les traite en filles ingrates ; du conflit, résulte nécessairement la révolte et l'émancipation, puis la rancune et la jalousie ; enfin, la concurrence. Les États-Unis ont remplacé l'Angleterre comme Carthage avait remplacé Tyr.

« Enfin, d'autres peuples développent aussi leur industrie : rien ne coûte pour l'étouffer : on y réussit d'abord ; mais il est impossible d'arrêter l'essor commercial de toutes les nations ; elles s'indignent contre des prétentions iniques, intolérables. Pour faire face aux guerres, aux embarras qui en résultent, aux sacrifices qu'exige une concurrence à détruire, on pressure le pays, qui n'est plus d'ailleurs dédommagé de ses sacrifices. Dès lors les catastrophes de toute espèce s'enchaînent rapidement, pendant que les ressources intérieures s'épuisent par la diminution même de la prospérité commerciale.

« Pendant ce temps, les colonies se détachent : les voisins s'entendent pour protéger leurs industries et cesser d'être exploités. Un nouveau peuple commerçant, plus jeune et plus avantageusement situé, se développe et prend la place de celui dont la prospérité s'éteint, et le nouveau parvenu joue exactement le même rôle, sur une plus grande

échelle, parce que les relations des peuples s'étendent de plus en plus.

« Telle est l'histoire de tous les états qui n'ont
dû leur prospérité qu'au commerce ; ils ont eu
plus d'importance que ne semblait devoir le com-
porter l'étendue de leur territoire et leur position
géographique ; ils ont fait de très-grandes choses ;
ils ont produit plus que leur contingent de grands
hommes ; ils ont été très-utiles aux progrès de
l'humanité : puis, lorsqu'ils ont été vaincus par leurs
héritiers sur un autre terrain, ils ne se sont plus
relevés, parce que les efforts qu'ils avaient déployés
dans la lutte, étaient le résultat d'une excitation
fébrile, plutôt que d'une vigueur athlétique. C'est
ainsi que tombe le prolétaire, dont la constitution,
usée par le travail et les privations, n'est soutenue
que par la nécessité d'agir sans cesse.

« Les peuples agricoles, au contraire, s'ils sont
vaincus chez eux, se relèvent toujours, parce qu'ils
prennent, comme Anthée, de nouvelles forces
chaque fois qu'ils touchent la terre, cette mère
puissante qui les a faits robustes, et qui répare

bien vite leurs forces. Voyez l'Allemagne, l'Italie, la France, l'Espagne, etc!; malgré toutes les vicissitudes de leurs guerres acharnées, malgré le fléau de leurs invasions réciproques, à peine les armées ennemies sont-elles retirées, que le sol engraissé par le sang des victimes, reprend une nouvelle fécondité.

— Tout cela est très-général, mais aussi très-vague comme toutes les généralités. J'aime assez les formules qui résument l'histoire, mais je voudrais avoir quelques renseignements plus précis.....

— Sur quoi?

— Par exemple sur le cap de Bonne-Espérance.

— Nous l'avons rendu aux Hollandais, avec la coopération des États-Unis, à la fin de la guerre dont je vous ai parlé à l'occasion de la révolution germanique. C'était la réparation d'une ancienne spoliation, semblable à tant d'autres commises par les Anglais. Le Cap était une colonie tout à fait hollandaise, créée, organisée par la Hollande. La force ne constitue pas un droit ; il ne peut pas y avoir de prescription contre la violence.....

— Et l'Inde anglaise?

— Elle a fait comme les États-Unis, comme toutes les colonies qui deviennent plus puissantes que la métropole. Pour rendre son émancipation facile et durable, elle s'est attiré l'affection des Indous en favorisant l'abolition des castes, de la polygamie, des suttées, des superstitions barbares, des préjugés inhumains, en répandant l'instruction, en protégeant les individus et les propriétés, par une bonne administration, et par une justice régulière. Pour assurer sa sécurité du côté du nord, elle aida les populations guerrières du Thibet, du Caucase, de la Géorgie, etc., à résister aux envahissements continuels de la Russie, ce qui est en même temps un bien pour l'Europe et pour l'humanité ; car la civilisation n'a pas de plus grand ennemi que le despotisme militaire, et c'est toujours des mêmes steppes incultes que sont partis les barbares nomades qui ont continuellement inondé l'Europe, l'Inde et la Chine... On ne saurait donc leur donner trop d'occupation chez eux , ni trop hâter la dislocation définitive de l'empire russe en deux moitiés distinctes par leurs mœurs , par leurs intérêts-, ayant pour capitales Stamboul d'une part et Saint-Pétersbourg de l'autre, avec la Pologne sur les côtés, prête à se jeter entre les deux.

« Au centre de l'Asie, entre l'Inde anglaise et la Russie, commence à s'organiser un peuple indépendant dont la position et l'énergie doivent exercer une grande influence sur l'avenir du pays. Si nous avons sauvé la Grèce par reconnaissance de la civilisation que nous lui devons, n'oublions pas le Thibet, qui fut, dit-on, le berceau du genre humain.

— Et la Chine ?

— La Chine est la preuve la plus éclatante des dangers de l'isolement pour les gouvernements, pour les nations comme pour les individus. La Chine a montré ce que vaut le principe étroit et dangereux : *Chacun chez soi, chacun pour soi :* axiôme égoïste, ignoble, imprévoyant, qui résuma trop fidèlement, en 1830, la morale, la politique et la conduite des myopes chargés du sort de la France, après la grande victoire du peuple. Certes, jamais pouvoir n'appliqua plus rigoureusement que celui de la Chine cette abjecte formule ; aucun ne l'étendit sur une si large surface, et ne la poursuivit avec tant de persévérance. L'Autriche avait suivi les mêmes errements ; mais elle n'avait employé que des moyens mesquins en comparaison de ceux de la Chine ; elle n'avait agi que sur une surface imperceptible, à côté du céleste empire : l'expérience n'était pas concluante ; celle de la Chine, au moins, ne laisse rien à désirer.

« Un pays aussi vaste et aussi peuplé que l'Europe entière s'entoure, non plus de règlements, de douanes et d'employés, mais d'une muraille épaisse, élevée, infranchissable, de deux mille kilomètres de développement. Le gouvernement ferme ses ports à toutes les nations : il ne permet à aucun étranger de savoir ce qui se passe à l'intérieur, ni à ses sujets d'entreprendre des voyages de long cours ; enfin, le chef suprême du céleste empire s'isole à son tour de ses sujets, pour leur donner une plus haute opinion de sa toute-puissance, et ressembler mieux à la divinité dont il se croit l'image vivante sur la terre. Voilà donc le principe de l'isolement appliqué dans toute sa rigueur, dans toute son étendue, dans toute sa majesté, dans toute sa puissance : à ce maximum de développement, il ne peut produire que des effets prodigieux. Quels sont-ils ?

« Une poignée d'hommes, éloignés de leur pays natal par toute l'épaisseur de la terre, se présentent avec des navires, des équipages, des bateaux à vapeur, des armes et une discipline dont personne en Chine n'a la moindre idée ; ils attaquent sans hésitation des masses moutonnières dont ils connaissent parfaitement les mauvaises armes, la mauvaise organisation, et surtout le mauvais vouloir. Vous savez le reste... Le maître absolu de *trois cent septante millions* d'habitants s'est vu forcé de céder à quelques milliers d'Européens venus des antipodes ; et cette honte sans exemple il l'a subie parce qu'il ne pouvait opposer que l'ignorance à la science, et le désordre à la tactique ; parce que l'égoïsme amène toujours l'abandon, et par suite l'impuissance.

Voilà ce que gagne un peuple à s'isoler des autres, voilà ce que gagne un gouvernement à s'isoler du peuple.

—Quelle a été la suite de cette sévère leçon?

— La suite n'a pas été moins concluante : l'alphabet européen s'est introduit naturellement chez les Chinois, par des relations de plus en plus intimes, de plus en plus étendues avec tous les peuples d'Occident; il a remplacé cette immense quantité d'hiéroglyphes dont la seule connaissance exigeait toute la vie d'un homme. Cette amélioration, assez peu remarquée dans le principe, a été la source d'un immense progrès social, d'une véritable révolution; car alors les Chinois ont pu mettre à l'étude des choses, le temps qu'ils mettaient à l'étude de leurs hiéroglyphes. Il leur est resté, comme à nous, assez de loisir pour étudier les langues étrangères ; les sciences sont devenues accessibles à tous, et bientôt elles ont produit leurs fruits constants; aujourd'hui les petits-enfants en savent plus que leurs grands-pères, et le désir des innovations a remplacé l'esprit de routine. Les hommes du passé crient au scandale ; mais la nation marche, et chaque jour nous apprenons quelque nouveau progrès. L'empereur actuel est à la tête des réformistes et se montre fort empressé de recevoir les savants étrangers : il appelle surtout des chimistes français, des artistes italiens, des mécaniciens anglais, etc.

— N'avez-vous fondé aucune colonie dans ces mers?

— Ah! nous avons eu tant d'occupation autour de nous! Toutefois, indépendamment des possessions Ibériennes et Néerlandaises, dont la prospérité se développe avec rapidité, nous avons créé des établissements sur divers points de l'Australasie, de la Tasmanie, de la Nouvelle-Zélande, et dans plusieurs îles de la Polynésie, non par une conquête brutale sur les indigènes, mais par l'industrie, l'agriculture et le commerce ; non dans notre intérêt seul, mais encore dans celui des habitants, et pour le progrès des arts et des sciences. Quand j'ai dit *nous*, j'aurais dû dire les Néerlandais, car ce sont eux principalement qui dirigent tout ce qui regarde les colonisations.

« Chaque peuple a ses aptitudes, dont il faut savoir tirer parti comme de celles de chaque indi-vidu; de même qu'il ne faut pas vouloir faire tout produire à tous les sols, à tous les climats, comme le veulent les pouvoirs ignorants..... Ce sont donc surtout les Néerlandais, aidés par les Espagnols, qui font la base de nos établissements...

« Mais pour que vous puissiez bien comprendre ce qui me reste à vous expliquer, nous avons besoin d'avoir sous les yeux une grande carte de l'Océanie.

« Voulez-vous la sortir du tiroir qui est devant vous... là... doucement... reculez encore un peu, et tirez à vous ce grand rouleau... très-bien... encore... »

Dans ce moment, je crus que les pieds de ma chaise venaient de glisser; car j'éprouvai la plus violente émotion qu'on puisse imaginer, et mille étincelles me passèrent par les yeux.

Je restai , à ce qu'il paraît , assez longtemps évanoui, car il faisait grand jour quand je repris connaissance. J'étais glacé , étendu sur le carreau de la chambre , à moitié protégé par ma couverture, et j'avais perdu beaucoup de sang par le nez. Quand j'eus complétement repris mes sens, je compris que je m'étais jeté hors de mon lit, en me retournant pour sortir de son tiroir l'immense et maudite carte de l'Océanie, c'est-à-dire, ma couverture que je tenais encore à deux mains comme dans mon rêve.

Je sonnai : l'alarme se répandit dans toute la maison, quand on vit ma pâleur et la grande quantité de sang que j'avais perdu; mais le docteur Cauvière, qui venait pour me faire ses adieux, m'assura que cette hémorrhagie tenait à la déchirure de la membrane muqueuse qui tapisse la lame criblée de l'ethmoïde : « circonstance triplement heureuse, ajouta-t-il, en ce que la fracture de cet os mince a sans doute amorti la commotion cérébrale; en ce que l'hémorrhagie nasale a dû empêcher un épanchement de sang dans la cavité du crâne , et prévenir en même temps une inflammation qui aurait pu se développer dans le cerveau ou ses membranes. »

Pendant qu'il me faisait apprécier tous ces bonheurs, je me rappelais les traits, le son de voix, les phrases, le sourire, et jusqu'aux gestes de celui qui m'avait appris tant de choses dans une nuit. Je ne pus m'empêcher de lui dire avec un peu d'amertume : « Vous devez bien me soigner, docteur, car c'est vous qui avez fait le coup ; » et je lui racontai les effets que le hachych avait produits sur moi.

Forcé de partir, malgré les instances du bon docteur, je me hâtai de m'établir dans un coin du bateau à vapeur, pour jeter rapidement mes souvenirs sur le papier.

Quant aux réflexions que me suggère cette immense fantasmagorie, je les retrouverai toujours quand j'en aurai besoin ; je tombe d'ailleurs de sommeil, et je crains de fatiguer outre mesure ma pauvre tête. »

IV.

Le reste du manuscrit est à peu près indéchiffrable; la seule phrase qu'on puisse lire tout entière est celle-ci : « Malgré ma chute, je reviendrai souvent au hachych. »

Il n'existe, d'ailleurs, d'autre trace de signature qu'un énorme zigzag allant jusqu'au bas de la page, et annonçant, selon toute apparence, un violent désir de s'étendre sur le matelas dont il a été parlé.

FIN.